公益资本论

〔日〕福武总一郎
卢德之
著

人民东方出版传媒
東方出版社

創善·文庫

PHILANTHROPIC INNOVATION
CANON

目 录

下卷　走向共享

序一

益利合一　无问西东

福田康夫

“风雨如晦，鸡鸣不已。既见君子，云胡不喜？”

——《诗经·郑风·风雨》

福武总一郎先生是我多年好友，也是日本乃至全世界著名的企业家、社会企业家、慈善家与艺术收藏家。卢德之博士是我在国际儒学联合会（ICA）的同事（我担任第六届理事会理事长、卢博士担任副理事长），也是中国知名企业家、慈善家和思想家。

我任职的国际儒学联合会成立于 1994 年，首任会长是谷牧先生，他曾受周恩来总理提拔担任过副总理，这是一个旨在平衡中国经济改革进程及其精神追求的组织。该联合会一贯秉承的宗旨也受到了习近平主席的充分肯定。在出席 2014 年 9 月 24 日召开的第五届会员大会上，习近平主席发表了以“儒学：世界和平与发展”为主题的重要讲话，表明了对本会工作的认同和支持。时任国际儒学联合会会长的滕文生先生是一位担任该会会长和副会长长达十年的杰出领导人，虽然此次与滕文生先生共同作序是一个巧合，但我深感荣幸。

卢博士是东西方慈善论坛的联合发起人之一，福武先生也在该论坛担任联合荣誉主席。他们相识于2016年在夏威夷举办的东西方可持续发展峰会，今年初又在东西方慈善论坛推动与协助下为中国武汉联合捐赠了大批防疫物资，为中日慈善合作树立了榜样。

最近欣闻，在东西方慈善论坛的推动下，福武先生与卢博士合著的大作即将付梓，可喜可贺！

在本合著书中，福武先生与卢博士力主运用公益慈善进行自愿性分配，在不影响资本运作的前提下打破所有权边界，减小贫富差距的鸿沟。例如，福武先生力推通过捐赠企业股份给公益组织来打破善商边界，使资本增殖的受益人从限于个别股东变成包含社会大众的更多群体。他与家人捐赠其倍乐生集团股份给公益财团法人福武财团，以长期支持“倍乐生艺术场直岛”公益项目建设就是这一模式最成功的例证。福武先生“大自然是人类最好的老师”“利用既有的创造新生的”等究天人之际的感悟也大道至简、发人深省。而他倾三十余年之力将日本濑户内海惨遭工业污染的直岛、丰岛和犬岛等偏远海岛打造成世界当代艺术圣地，更是用实际行动树立了公益矫正资本并使自然重生的典范，同时这也是他以前瞻性的眼光积极推进创新理念的成果。

卢博士提出的“共享文明”理论着重强调了文化与文明在人类面对资本、数字化经济与人工智能挑战时保持主体性的重要意义，而福武先生则直接用“经济是文化的仆人”“经济必须服务于文化”的棒喝来警示人与资本的主次关系。福武先生和卢博士提出的公益资本理念是针对资本与公益慈善当前及未来发展的趋势，尝试为21世纪人类发展开辟出财富向善、互利共享的新路径与新方向。他们的理论虽然还有诸多尚待完善之处，但他们对资本与公益相结合的执着、创新与身体力行的实践值得我们每个人赞佩与学习。

我衷心希望这本合著书的出版能唤起社会各界乃至世界各国对公益资本理论与实践的广泛关注、研究、参与和推广，也期待它能成为推动中日以及东西方更多建设性交流与合作的催化剂！

（福田康夫　日本前首相、国际儒学联合会第六届理事会理事长）

序二

以文化融合推动资本走向共享

王茂林

2020年全球蔓延的新冠肺炎疫情，给全人类在敬畏自然、尊重生命、重视健康、珍爱粮食、理性消费、行有所止……多方面上了一堂沉重的教育课，并引发了对生活生产方式、卫生安全保障、社会治理制度、城乡统筹发展、产业区域协调、国际协作应对、文明成果共享……多方面的新考量、新思考。

在关注全球抗疫进展、感悟中国抗疫成果、思考疫情对未来发展影响问题之际，我读了中日当代慈善界两位杰出代表——卢德之博士和福武总一郎先生合著的《公益资本论》书稿及相关材料。两人山川异域、因慈善相识相知，一个是现代慈善的弘扬者与资本共享的推动者，一个是乡村振兴的实践者与公益资本主义的倡导者，志同道合、追求风月同天，以中日、中西文化的融合与思想交融，呼唤“建立人与经济、资源、环境、世界之间的协调关系”，推动资本走向共享，成就本书。令我钦佩的同时，对构建人类命运共同体更加充满信心。

人本自然之子，我们却在城市化、工业化、现代化以及文明进化之中一步步远离自然，让资源过度利用、环境频遭破坏、气温日益变暖、资本更加逐利、城乡发展失衡，城市变成了一片文化的沙漠，幸福和财富走向海市蜃楼。持续近5个月的澳大利亚山火、东非蝗灾、西班牙暴雪、美国流感、全球蔓延的新冠肺炎疫情……当各种自然灾害和疫情接踵而至，当所有灾难与每个人息息相关时，回归自然、返璞归真，审视并重构灵魂深处的精神家园，合力推动人类命运共同体的构建，已成为全人类的内心呼唤与现实选择。在经历重大灾害、灾难和积极应对疫情的同时，经济全球化面临挑战、产业链变化重组、新的生产力需要激发，国际形势也在发生重大和深刻调整，人类再次走到了新的十字路口。

作为世界上第二、第三大经济体和拥有重要地区国际影响的大国，中国和日本之间拥有越来越多的共同利益和关切，并承担着越来越重的共同责任和使命。中国与日本一衣带水，同属东亚传统文明圈，有着影响深远的相互学习与借鉴的历史。古有日本向中国派遣隋使、遣唐使、留学生和学问僧，鉴真六次东渡扶桑传佛教香，荣西多次入宋、学习中国佛教，引种茶叶、传播中国茶文化。今有《中日和平友好条约》缔结40余年，两国互为重要贸易伙伴，民间交流交往日益密切，尤其是面临这次新冠肺炎疫情时，两国在各自防控疫情关键期的相互捐赠和支持帮助，见证了中日两国未来和睦友好相处的历史发展的必然趋势。

本书日方作者福武总一郎先生，坚持可持续发展原则，以“企业公益一体化”实践，用30多年时间，将日本被污染、荒废、遗弃的直岛、丰岛和犬岛等濑户内海岛屿群打造成了世界级的艺术圣地，成就“幸福即安乐”乡村振兴典范的直岛模式、直岛经验。他在推广直岛经验中反对照搬复制，保留开发农村社区原地域特色，弘扬传统优秀文化，帮助当地居民重获对自己村庄与生活自豪感；重视教育引导、政策扶持，利用既有的创造新生的事物，推崇农业与商业的良性互动，增加工作机会和居民收入，吸引青年返乡、留住人才振兴乡村；围绕经济服务于文化，资本提高社区安乐、满足他人需求，突破城乡发展瓶颈，实现更多人的幸福安乐与自然环境协调发展等多方面建议，很值得我们学习借鉴。书中他的资本观、公益观、幸福观，以及他对现代资本主义制度发展的认识，世界需要新的理论指导和“利用公益资本主义取代利润驱动资本主义”的倡导，均值得广大读者分享和参考。

此书中方作者卢德之博士，参与了中国改革开放的全过程，先是政府官员，参与了地方政策的制定，后到国企、民企工作，再到下海经商、做博士生导师。他是一个企业家，更是一个有道义的儒商。在拥有一定资本后，他把更多的精力投入到现代慈善事业中，主张以商业手段去实现公益的目的，把源自欧美清教徒“拼命赚钱，拼命省钱，拼命为神圣事业花钱”的资本精神，作了中国化的、带有儒家色彩的阐释，2007 年出版了《资本精神》一书。从事经济与公益事业之余，他投入了大量时间进行慈善思想方面的思考，成为中国公益慈善理论界的代表人物之一，不仅在中国富人慈善的圈子里颇有市场，而且以“让资本走向共享”

的主张，在2016年夏威夷举办的东西方慈善论坛上引发了国际共鸣。因此与福武总一郎先生结识，通过彼此交流，对共同关心的问题形成诸多共识。从相识到相知，他们两人携手，最终促成了公益资本主义与资本精神的同频交响，合著成就本书。

《公益资本论》一书，用中日、中西文化的融合与思想交融，以福武总一郎先生的践与行、忧与问、识与策反映了他在资本、公益、人生追求、人类发展方面的思考，作为思想对话的回应，卢德之博士以商业手段实现公益目的，倡导资本精神，推动现代慈善发展和资本走向共享的历程为铺垫，给出了如何理解资本的答案，明确了资本精神的主要内容和本质；并从处理好富人困境和财富魔咒、改良土壤和培育良种以及资本精神和现代慈善这三个问题，阐述了资本精神在人类社会活动中充分发挥发展和平衡的作用；以公益资本主义与资本精神的一致性，奠定了公益资本论的形成基础，从资本的现代化发展方向与趋势，揭示了资本走向共享将成为历史必然，以及这一论断的成立性。同时，以共享文明下的包容性发展“新文明观”，解析了人类社会发展的困境与博弈、不同思潮带来的挑战和大国博弈的出路选择等问题，提出了包括公益资本论、文化互鉴论、共同发展论和历史进步论在内的共享文明理论的基本框架，以及共享文明治理谱系与从国际治理到太空治理的新思路新建议。

实实在在说，我对《公益资本论》书中的很多重要观点，也正在研究中，还缺乏一定深度的研究和理解，对某些问题还待慎重思考。书中某些新的观点，在经济界可能会有一些不同思考，也是正常的。任何事物的产生、发展、运用都有一个不断分析、研究和争论的过程。争论是正常的，也是不可避免的。何况，涉及理论方面，更应如此。书中的很多观点、思路和建议，对关心相关问题的读者来说，我认为是有很大启发和参考价值的，希望大家在阅读思考中，对作者提出更多好的见解，以便修改完善。

应邀为本书作序，通过阅读与思考，先让我看到了资本逐利、现代金融资本主义和当下城乡失衡发展的弊端，后让我看到了西方部分商人和学者的觉醒与实践推动，以及中国乡村振兴和构建人类命运共同体的希望，让我对城乡一体化统筹发展的主张更加坚定，对改善民生、解决“三农”问题，建设美丽中国，让人民生活得更健康、更美好、更幸福，实现中华民族伟大复兴的中国梦更加充满信心。同时，也让我对这次新冠肺炎疫情后的国际形势发展，有了基本判断和新的思考。总之，很有收获，信笔写出这篇读后感，由作者选用为序，深感荣幸。

（王茂林　十届全国人大常务委员会委员、法律委员会副主任委员，华民慈善基金会名誉理事长）

序三

感言与寄语

滕文生

这本书的作者，一位是福武总一郎先生，他是日本人，目前生活在新西兰；一位是卢德之先生，他生活在中国。他们既是企业家，又是学者，一身而二任焉。日本是当今世界第三大经济体，早已实现了资本主义现代化；中国是当今世界第二大经济体，正在实现社会主义现代化进程中。在古代历史上，中日两国同处汉字文化圈，同属东亚文明体系，两国人民的交往源远流长，留下了不少互学互鉴的佳话。今天，两位作者虽然生活在社会制度和发展阶段不同的国度里，而能同著一书，各撰一卷，可谓合璧之作。这在当下的东方文林中，不失为一件趣事，或许也会传为一段佳话，我对是书的面世，欣致祷祝之贺。

福武先生身历发达资本主义的社会实践，对其体悟甚切。他提出“资本公益化”或“公益资本论”，意在倡导资本应为社会服务，应对面向大众的社会公益事业做出贡献，诚为卓识之见，令人感佩。卢德之先生，投身社会主义现代化建设的实践，对其景从尤殷。他认为，在中国社会主义初级阶段的基本经济制度下，应倡导“资本共享”“文明共享”，亦为确然之论，符合社会主义的本质要求，符合习近平主席提出的共建共治共享的社会治理宗旨和共商共建共享的全球治理观，符合人类文明发展进步的历史规律。从长远的视野看问题，可以这样说，资本与劳动、产业与事业、城市与农村、文化与文明，实行共商共建共享，是人类文明未来发展的必然要求和必然趋势，将成为构建人类命运共同体的思想基石和精神动力。

两位作者还有一个显著的共同点，就是都十分关注工业化、城市化、现代化条件下的农业和农村的前途问题，都希望在经济现代化和经济全球化的境域中，农业和农村经济、文化、社会不要成为发展的短板，而应以自己的繁荣昌盛成为国民经济持续发展和社会不断进步的坚实基础与后盾。他们的这种眼光、情怀与寄望，亦属难得。

人类进入文明社会后的几千年来，从产业文明形态的演进来说，在世界各国各地区大都是从农业文明（与农业文明同时存在的还有游牧文明）到工业文明再到现代的信息文明等；从经济地域形态来说，是从农村经济到城市经济再到现代的城乡融合经济。而商业文明则是伴随农业文明、工业文明、现代信息文明等与时偕行地分布和发展于农村及城市之间。这就是千百年来产业文明形态、经济地域形态演进的总的历史行程。由此可见，农业文明和农村经济是人类进入文明社会后最早出现的产业文明和经济地域形态，它们是以后其他一切产业文明和经济地域形态产生与发展的基础。人以食为天，农业是人们的衣食之源，人们只有解决吃饭、穿衣问题，取得了生存的基本条件之后，才能从事其他社会活动和社会事业，这是历史唯物主义的最基本的道理。中国清代学者郑板桥说过，“使天下无农夫，举世皆饿死矣”，何论其他，故“平生最重农夫”。他所讲的就是这个基本道理。总之，农业是亘古存在、永恒发展的“永续产业”，在任何历史阶段和任何社会制度下，都是须臾不可缺失的。同样，农民作为农业文明、农村经济的创造者和发展者，农村作为农业文明、农村经济的载体，也是与世永存而不可能消亡的。随着人类社会的不断发展进步，农业与工业、农村经济与城市经济、农民与工人之间在生产力水平、文化水平和物质生活水平上的差别会逐渐缩小，直至最后消灭。但是，它们之间在产业文明形态、经济地域形态和劳动形态上的不同属性的差别，则是与世永存而不可能消亡的。不管工业和城市经济怎么发达，农业和农村经济任何时候都不能削弱，而只能加强。如果把农业、农村经济搞弱了，把农村的基本劳动力队伍搞散了搞没了，把农村人口、农村生态搞空心化萧条化了，那就会自毁整个经济、社会和文明发展的基石，其后果是不堪设想的，最终会使得工业和城市经济的发展成果也巩固不住而丧失掉。这是人类社会发展和人类文明进步的历史经验教训已经和正在证明的。岂不慎哉！岂不戒哉！美国的城市史学家芒福德在1961年他的名著《城市发展史》中就指出：“城市与农村是一个整体，谁也离不开谁，如果谁能离开而独立生存下来的话，那是农村，不是城市。”可谓不刊之论！

人类社会进入资本主义文明发展阶段，是从欧洲率先开始的。400 多年来资本主义文明的发展，为整个人类文明进步做出了不可磨灭的历史性贡献。然而，纵观资本主义的发展史，也是充满曲折、苦痛和教训的。早期资本主义的一个最大教训，就是曾经用牺牲农业、农村经济和农民利益，为城市工商业资本主义的发展进行资本的原始积累和雇佣劳动队伍的准备，结果造成农业农村的凋敝和破产，给全社会带来很大苦难。当资本主义国家的执政者们认识到这一教训后，又采取措施恢复和发展农业、农村经济，并在实现工业和城市经济现代化的同时，努力实现农业和农村经济的现代化。当西方资本主义进入发达阶段以后，长期存在的一个突出问题，就是不少发达国家由于过度城市化特别是大城市化，导致工业、商业和其他第三产业过多地集中于城市地区尤其是大城市地区，随之而来的是导致劳动力和人口也过多地聚集于城市地区，造成工业与农业、城市经济与农村经济发展的不平衡，甚至造成包括农业在内的农村产业、劳动力、人口的“空心化”，以致给整个经济和社会的发展带来种种不利的严重后果。这已经引起许多发达国家的有识之士的忧虑与思考，福武总一郎先生就是其中的一位。他在本书上卷中对日本农村“空心化”的现状做了描述和分析。当今，日本农村的人口只占日本全国人口的 7%，而且严重老龄化。日本人口总数已经连续 11 年下降，已经从最多时的 1.5 亿下降到 1.26 亿。据日本有关方面预计，到本世纪中叶，日本全国人口将会下降到 1 亿以下，到 2050 年，将会有 13000 个村落从农村消失掉。日本全国总人口如此持续下降，是与农村“空心化”，人口集中到大城市而生活成本、生育成本过高，造成生育率降低密切相关的。由于人口基数下降，又严重老龄化，带来的一个直接后果就是青壮年劳动力严重短缺，后继乏人，这对经济和社会发展的影响是不可小觑的。福武先生不赞成“无限城市化”而把农村置于“人去房空”的境地，他主张“接近大自然”，发展“绿色农村”，全面实现现代化条件下的农村经济文化的繁荣和农村劳动力、人口的兴盛，达到“振兴乡村”的目的。他本人还在日本的农村地区创立了新的发展模式——直岛模式，提出“农村社区是新前线”。这无疑是一种有意义的探索。

中国历史上是以农业和农村经济立国的国家。中国的历史文明是建立和发展于农业文明的基础之上的。这种以农业文明为基础的历史文明，对于中华民族大家庭、中国“大一统”政治格局和中国传统文化的形成与发展，是功不可没的，而且在相当长的时期内对世界文明的发展和进步做出了伟大的历史贡献。

1840 年鸦片战争以后，由于西方帝国主义列强的入侵，中国沦为半殖民地半封建社会。为了救亡图存，一些先进的中国人进行的斗争，特别是中国共产党登上历史舞台领导人民进行的反帝反封建的革命斗争，首先就是从思考、解决农村和农民问题开始的。毛泽东同志说，“农民问题乃国民革命的中心问题”，“农民的力量，是中国革命的主要力量”，“一切都要靠农民问题的解决”。正是因为以毛泽东同志为代表的中国共产党人，把马克思主义的基本原理与中国革命的具体实际相结合，通过在农村地区开展土地革命，解放和团结农民群众，建设以农民为主力军的革命军队，以革命的武装反对反革命的武装，建立和发展农村革命根据地，走农村包围城市的道路，才取得了新民主主义革命在全国的伟大胜利。

1949年新中国成立后，中国共产党领导人民通过社会主义改造进入了崭新的社会主义社会。在社会主义建设中，农业、农村和农民问题仍然是关系国计民生的根本问题。毛泽东同志说，农民问题的极端重要性，“革命时期是这样，建设时期仍然是这样”。“全党一定要重视农业，农业关系国计民生极大”。如果不重视农业和粮食生产，“总有一天要天下大乱”。对于如何处理城市与农村、工业与农业的关系，毛泽东同志曾经将自己的思考与认识，多次同当时的一些省部级负责人交换过看法。他说：“在发展大城市问题上，斯大林对恩格斯是有不同意见的。恩格斯主张在一个国家内人口应相对地均衡分布，所以他不赞成发展大城市，以为弊多利少。相反，斯大林认为大城市对于发展经济利多弊少，所以他不赞成集体农庄办工业，不搞农村工业化。”毛泽东同志强调指出：“我赞成恩格斯的意见，不赞成斯大林的意见。在我国，不实行农村工业化，不发展星罗棋布的中小城镇，而让农民大批大批自发地涌进大城市，这不但不利于国民经济的总体发展，也不能逐步缩小以至消灭城市、工农差别。”[①] 毛泽东同志说的这些话，至今已经几十年过去了，中国和许多国家的经济社会实践，都证明是正确的，是经得起时间检验的。

1978年12月召开的中国共产党十一届三中全会，开启了以改革开放为标志的中国社会主义事业发展的新时期。这个新时期的任务和使命，就是开创中国特色社会主义道路，并沿着这条道路全面实现中国的社会主义现代化和中华民族的伟大复兴。40多年改革开放和社会主义现代化建设的实践继续证明，农业、农村和农民问题仍然是关系国家经济社会发展全局的根本问题，而且是解决起来难度最大的问题。正如习近平同志所指出的：“没有农业农村现代化，就没有整个国家现代化。在现代化进程中，如何处理好工农关系、城乡关系，在一定程度上决定着现代化的成败。”40多年前，中国的改革开放是从农村首先开始的，农业经营体制改革的成功、粮食生产的连年丰收和乡镇工业企业的异军突起等，为城市经济改革开放的全面展开创造了重要条件和提供了有益经验。当时，邓小平同志看到农村改革中涌现出来大批乡镇工业企业高兴地说，这是“异军突起”，这是转移农村剩余劳动力的“必由之路”。“乡镇企业容纳了百分之五十的农村剩余劳动力”，这样，“农民不往城市跑，而是建设大批小型新型乡镇”。他还说：“农村改革的成功增加了我们的信心，我们把农村改革的

① 陶鲁笳：《毛主席教我们当省委书记》，中央文献出版社2003年版，第136—137页。

经验运用到城市，进行以城市为重点的全面经济体制改革。”可见，中国的改革开放从一开启，广大农民群众就做出了重大贡献。40 多年过去了，在现代化建设的进程中，同工业和城市经济文化社会取得的发展成就相比，农业和农村经济文化社会的发展，虽然也取得了不少进步，但总的看来仍是全国经济文化社会发展中的一块“短板”，而且是最大的一块“短板”。这种“短板”现象，不仅表现在农业、农村经济文化的发展水平和农民的生活水平存在着差距上，同时还表现在有些农村地区出现了比较严重的“空心化”上。这种“空心化”现象，不仅表现在农作物种植和村镇集体经济的“空心化”，还表现在基本劳动力和村镇人口的“空心化”。正是针对农村地区的这种发展现状，习近平同志一再强调：“任何时候都不能忽视农业、忘记农民、淡漠农村。”“农村绝不能成为荒芜的农村、留守的农村、记忆中的故园。”“我国粮食安全基础仍不稳固，粮食安全形势依然严峻，什么时候都不能轻言粮食过关了。”“一个国家只有充足粮食基本自给，才能掌握粮食安全主动权，进而才能掌控经济社会发展这个大局。”为了补上农村发展上的“短板”，为了使农业和农村经济文化社会的发展跟上工业和城市经济文化社会发展的步伐，中共中央采取了一系列战略措施，包括精准扶贫战略、乡村振兴战略和城乡一体化发展战略等。精准扶贫，就是通过城市和国家各个方面的帮扶措施，使原有贫困的农村摆脱贫困状态，进入小康社会。然后在此基础上实施农村在产业、人才、文化、生态、组织上的全面振兴，促进农业全面升级、农村全面进步、农民全面发展。

实施乡村振兴，既是实现中国社会主义现代化进程中的一个伟大而艰巨的任务，也是为全国人民开辟一个大有新的作为、大可创造新的奇迹的广阔天地。毫无疑义，广大农民群众理所当然地会成为这个新的天地里创造新的业绩和做出新的贡献的主力军。必须在每个农村地区保持必需的基本劳动力队伍和必要的人口数量，以利充分调动和发挥他们建设社会主义现代化新农村的主动性、积极性、创造性。同时，必须坚持工业反哺农业、城市支援乡村，坚持引导工业下乡、资金下乡、技术下乡、人才下乡，以利实现农村的农业、工业和第三产业的融合发展，实现城乡一体化发展。在人才下乡方面，特别要引导和鼓励有现代知识技术武装的青年人才，投身于乡村振兴的伟大实践，充分发挥他们的聪明才智，为农村在经济、文化、技术、生态、社会建设上开创出新局面新境界而共同奋斗。总之，实施乡村振兴战略的道路已经开通、政治方向已经指明。这个政治方向，就是习近平同志指出的在各级党委和农村党组织的领导下，“坚持农村土地集体所有制性质，发展新型集体经济，走共同富裕道路”。可以坚信，在习近平新时代中国特色社会主义思想指导下，全国上下只要坚持不懈地照此道路、照此方向奋斗下去，中国农村全面振兴的宏伟目标，一定能够胜利达到。如果说中国历史上的农业文明，曾经以自己的独特贡献而彪炳史册，那么未来的中国农村在全面振兴基础上建设的社会主义现代化文明，也将会以自己的行为世表而光耀东方。

“天下为公”“大道为民”，古贤倡之，今当继之，应该结合当今时代的经济文化社会发展的实际，加以发扬光大。面向未来，“普天之下”——也就是世界各国各地区，应该倡导在不同文明之间走互学互鉴互享的道路，以造益于全人类。这将是各国各地区人民共同构建人类命运共同体的必由之路。读了福武总一郎、卢德之先生合写的这本书，不禁为之兴奋，故写了以上这些话，是为感言与寄语。

（滕文生　中共第十五届、十六届中央委员，国际儒学联合会第五届会长）

公益资本论

上卷

以艺为武

［日］福武总一郎　著

王庆泓　译

作者简介

福武总一郎，日本著名企业家、慈善家、艺术收藏家。他曾担任倍乐生控股集团董事长兼首席执行官，现任该集团名誉顾问、公益财团法人福武财团理事长。倍乐生控股集团的业务领域广泛涵盖国内外教育、高级养老介护和幼儿保育等。福武先生逾30年致力于日本直岛、丰岛、犬岛等濑户内海岛屿的创生，通过艺术、自然与建筑推动了内海的复兴。他与安藤忠雄等蜚声世界的建筑大师、艺术家合作创建了“倍乐生艺术场直岛”以及被誉为全球最著名的当代艺术博物馆之一的地中美术馆，其中收藏了法国印象派画家克劳德·莫奈的5幅《睡莲》系列画作。福武先生在推动国际电动汽车减少碳排放方面也发挥了关键作用。2016年，福武先生应邀加入世界自然保护联盟（IUCN）成为其“自然守护者”（Patrons of Nature），体现了他对保护自然环境的贡献与信念。2020年，福武先生成为东西方慈善论坛联合荣誉主席，致力于推动东西方慈善思想引领与联合行动。近年来，他还作为顾问参与指导山东省艺术活化乡村项目，并希望帮助更多中国边远地区借鉴其乡村振兴的模式与经验。福武先生从2009年起一直生活在新西兰。

前　言

我基于以下诸原因决定出版本卷中文版，分享建设“倍乐生艺术场直岛”的经验并介绍“农业六次产业化”概念。

我要用经验说话。过去30多年，我参与并见证了日本濑户内海三座偏远海岛——直岛、犬岛与丰岛的蜕变。这些岛屿都曾遭受过度城市化与工业化的伤害。利用本书梳理的哲学，我们已经将它们转化为世界闻名的艺术天堂——“倍乐生艺术场直岛”。

这些岛屿在20世纪化茧成蝶的经历就是一个乡村振兴案例。在美国《国家地理》杂志发布的2019年全球旅行酷榜指南中，举办濑户内国际艺术节的3座岛屿位列榜首。

不少优秀的书籍已经介绍了我是如何使这座神奇岛屿——直岛复兴的，但唯有本书是首度深入阐明我运用“倍乐生艺术场直岛”项目开展岛屿创生活动的原因，并关注于其背后蕴含的思想与主张。

本书起源于2016年我在夏威夷参加的由东西方慈善论坛与世界自然保护联盟联合举办的东西方可持续发展峰会。我在会上做了关于乡村振兴经验的演讲。

东西方慈善论坛是2010年由美国东西方中心与中国公益研

究院以中美战略慈善交流合作平台之名联合创立的，于 2017 年在美国独立注册为非营利性组织。东西方慈善论坛孵化的最具影响力的慈善联合行动之一就是 2015 年创立的深圳国际公益学院。该学院由比尔 · 盖茨、瑞 · 达利欧、牛根生、叶庆均等慈善家发起，以慈善引领社会文明为使命。

在此次大会上结识卢德之博士并经过几番长谈之后，我萌生了一个想法，那就是与这位极其了解中国的思想家合著本书向中国读者介绍我的思想。我们希望这种合作能对中国的发展贡献一份绵薄之力。我的思想原本由东西方慈善论坛资深顾问杰 · 韩德生先生用英文写就，并由东西方慈善论坛执行总裁兼 CEO 王庆泓博士翻译成中文。

福武总一郎先生（一排右三）与卢德之博士（二排中）共同参加第四届东西方慈善论坛领袖峰会（2018 年 1 月拍摄于美国夏威夷）

福武总一郎先生（中）接受东西方慈善论坛“地球守护先锋”颁奖致敬，颁奖人：和谐种子计划创始人玛雅·苏托洛－吴（左）、联合国南南合作办公室主任霍尔赫·切蒂克（右）（2018 年 1 月拍摄于美国夏威夷）

福武总一郎先生（左）与卢德之博士（右）在华民慈善基金会共享堂前（2019 年 11 月拍摄于中国北京）

当时，中国公益研究院院长、东西方慈善论坛创始秘书长、国际公益学院创始院长王振耀先生对我的思想与经验也产生了浓厚的兴趣。在他的帮助下，我开始在北京和中国其他地方介绍我的思想及“倍乐生艺术场直岛”项目。

在聆听了我的演讲后，山东慈善家董方军先生邀请我帮助他开展振兴他的家乡——山东省沂源县龙子峪村的桃花岛项目。我从 2017 年开始担任该项目顾问，并听到许多人说，我的思想对扶贫与乡村振兴等中国当前面临的问题裨益良多。

桃花岛项目比我的日本项目拥有更先进的理念。在桃花岛，我们将农业作为艺术以外的另一个乡村振兴的关键手段。当地群众已经开始与地方政府携手，通过最新的理念与技术提高农产品质量，例如按照统一标准建立合作社机制以及创建乡村振兴学院培训当地干部。

这些农业改革项目进展之快远远超出我的预期。我听说，当地农民也满怀梦想，积极主动参与到项目推进的行列中。这与中国政府扶贫及兴农政策不谋而合。在我看来，再过些年，山东省的桃花岛将成为生活简朴、高效、可持续发展、稳定、整洁、卫生与繁荣的乡村振兴典范与创新摇篮。桃花岛周边郁郁葱葱的山谷与田野是践行以艺术、建筑与农业为武器使被遗忘农村地区重获生机之直岛模式的理想场域。

本书撰写之初，桃花岛的建设才刚刚起步。但令人欣喜的是，现有的举措已收获了名符其实的硕果。由世界级建筑师设计的新建筑已经完成或即将完成设计。中外艺术家也在全力为当地

山东桃花岛艺术活化乡村项目启动仪式（2017 年 7 月拍摄于中国山东沂源）

桃花岛项目地（2018 年 4 月拍摄于中国山东沂源）

及周边地区创作可以展示的艺术作品。桃花岛项目进展迅速，本书将有深入介绍。

通过桃花岛的辛勤努力与实践，我获得了关于中国农业的两条重要经验。其一是，中国农民并未获得他们应该获得的劳动成果，且少于从农耕到消费链条上其他各方的所得。其二是，可以通过某种农业变革改变这一弊端，使各方尤其是农民获益。我向农民介绍的新理念可以帮助他们获得更大影响与更多收入，这就是所谓的“农业六次产业化”。

我强力推荐“农业六次产业化”。在这一新模式里，农民将涉足农业生产的所有阶段。传统农业生产方式使得农民过早出售农产品获得较少收入从而对农民产生不公。“农业六次产业化”模式建议农民应该尽力跨过中间商将农产品直接出售给最终顾客，这样将使他们更多地掌控农业生产的流程并获得更多的收入。比如，桃花岛的农民以前在采摘桃子后直接出售，这是他们全部的收益。他们不再参与农产品加工与服务阶段，当然也无法获得额外的收入。根据“农业六次产业化”，农民在种植桃子后应该自己直接加工并销售相关产品给最终顾客。

将加工与分销同农民利益相结合对中国乡村振兴大业裨益良多。与其将农产品卖给不明客户且无法对大型农企集团进行控制，不如让农民成为产业链的主导。在3个产业阶段相互协作下，农民将在不需要向他方出让其核心资源情况下，成功完成农业变革。农民既能设法留守乡村，又能获得丰厚回报。

采用“农业六次产业化”实现乡村振兴包含3个阶段。第一个阶段以农民提高农作物质量与盈利能力为开端。在桃花岛，我非常惊喜地看到农业在当地迅速地复兴：开工18个月内，10万株被嫁接的桃树只生长了一季，便产出更甜更多汁的桃子。

农业振兴的第二个阶段是将农作物（未加工原材料）加工成可以销售的产品。桃农们认为桃子不是桃树的唯一产出，所以他们拿出了一份多样化清单，包括桃年糕、桃果酱及其他可以加工销售的桃产品。桃花岛的农民同时开始大量种植高利润的香菇。在很短时间里，村民们就将1间种植蘑菇的小型栽培室发展到了50间大型栽培室。

农业振兴第三个即最后一个阶段是农民将农产品与相关服

务销售或提供给顾客。分销传统上是由市场营销专业人士完成的，这导致大型农企集团逐渐以牺牲农民利益为代价主导了产业发展。但这是完全错误的方向。乡村如果任由遥远的市场主导而不把重心转移到当地居民、邻里和访客身上，将无法实现全面复兴。找到离乡村较近的市场将使农民获得更多的收入。因此当地是农民的主要市场。任何当地社区以外的市场都是第二位的。

“农业六次产业化”强调，将其整体实施的效果远大于对其局部推进。传统农业产业链的三大部门（培植农产品并将其卖给加工商的农民，将农作物加工成农产品并卖给分销商的加工商以及将农产品卖给最终顾客的分销商）往往相互竞争。“农业六次产业化”认为，如果农民运营或参与全部三大部门，而不只第一部门，整个系统将会更好地运转，其对社会的影响力也会成倍的增长，用数学公式表示，即为 1（负责种植的第一部门）乘以 2（负责加工的第二部门）再乘以 3（负责分销的第三部门）。我将这一流程称为“农业六次产业化”或自主农业。

●培植（一次产业）

●加工（二次产业）

●销售（三次产业）

合作是实践“农业六次产业化”的有效途径。通过组织合作社及共享任务与工具，弱小农民可以借由集体力量与协助获得更大成功。参与合作的农民在将农产品销往远离乡村市场前首先要满足当地市场需求，这一点至关重要。

很多时候，建立成人及青年学习与交流最新的农业振兴技术的学校对于乡村或合作农场是必需的。外聘专家可以登门授课，各级领导可以在此接受乡村振兴最优实践的培训，初、高中学生也可以参加课余竞赛和展览，展示乡村振兴知识，增强相关技能。

资本主义的失败

撰写本书的另一个原因是为资本主义寻找解决当今问题的方案。事实证明，资本主义并非为全人类利益而奋斗，其主要目标根本不是为了实现人民幸福或消除贫困，而只是为了追求利润。这造成贫富差距不断加大，使得贫富差距成为一个全球性的社会问题。

最近的调查结果表明，排名世界前 26 位的富人所拥有的资产总额等于占世界人口 54% 左右的 38 亿底层人群所拥有的资产总额。可以毫不夸张地说，当今的资本主义主要是在增加一小部分富人和大公司的财富。

以米尔顿 · 弗里德曼为代表的货币学派坚持一切都应遵循市场原则。他们愚蠢地相信越少的法规与限制将使所有人发财。但不幸的是，这种思维模式造成了全球贫富差距的鸿沟。只有富人从中获益。

基于这一原因，法国经济学家托马斯 · 皮凯蒂提出，财富不均是导致社会与经济稳定崩溃的滥觞。已故日本经济学家宇泽弘文于20世纪60年代提出了“社会共通资本”概念并坚持社会基础设施绝不应该成为私有财产，也绝不能在市场上交易。宇泽弘文教授所指的社会共通资本不仅包括空气、土壤、水、森林、河流和海洋等所有自然资源，还包括高速路、供水、废品处理、公共交通、电力、通信等社会基础设施与教育、医疗保健、福利、金融、司法、行政（公共管理）等所谓的“制度资本”。

我认为中国的体制非常接近这一思想。中国所遵循的社会主义市场原则在资本主义社会中尚不太为人们所理解，但有深入借鉴宇泽弘文教授提出的社会共通资本概念的潜力。

中国推行的市场经济并非以在企业与个人之间进行利润分配与竞争为核心的资本主义。中国国家主席习近平指出，中国实行的是社会主义市场经济体制，既要用市场调节的优良功能去抑制“国家调节失灵”，又要用国家调节的优良功能来纠正“市场调节失灵”，这样有利于在顶层设计层面避免踏入新自由主义陷阱和金融经济危机的风险。

本书中介绍的“公益资本”概念对我实现振兴日本海岛的目标助力良多。公益资本使得我的基金会拥有我的企业足够多的股份，以确保“倍乐生艺术场直岛”在没有经济挑战的情况下平稳运营。通过采用公益资本与宇泽弘文教授提出的社会共通资本的概念，中国可以提高社区生活质量，同时减少贫富差距。在中国，土地归国家所有。所以，我提议中国率先推广这一可以减少传统资本主义所带来贫富差距的新型市场经济理论。

中国已经实现经济繁荣

中国国民生产总值已经排名世界第二位，中国社会主义、市场经济与技术创新的惊人发展引起了世界瞩目。能否将宇泽弘文教授的社会共通资本思想和我们的公益资本理论进行深化，并与中国实践相结合呢？如能这样，在中国，乡村能振兴，贫困能消除，也将更接近理想社会。

资本主义的欲望无法消除，但社会主义可以运用经济计划制约它。关于知识产权，应实现社会共通资本化，只需支付少量的费用，谁都可以享有改善人类生活和福利的专有技术和专利。但当前全球只有少数公司垄断专利和技术的体制并不是为实现世界幸福而设计的。知识产权当然应该受到很好的保护，但是也应该允许其他公司通过支付少许费用广泛使用。

对社会主义的理解发生转变

在 20 世纪 40 年代的美国，社会主义被认为是一种由国家管理各大企业的方式。但是今天，在以伯尼 · 桑德斯为代表的“社会主义者”看来，社会主义代表了平等，比政府的控制更容易被理解。

现在，我们应该重新审视基于欲望而社会分裂的资本主义。基于新型市场原则的新社会主义应该聚焦于消除贫困及减少巨大的贫富差距，而不是实现绝对的平等。

尤其重要的是，为农民和渔民提供能够期待更好未来与实现梦想的机会。我们应该建成一个没有贫穷且所有人都能获得良好教育、医疗健康及社会福利的社会。

人们永远不应忘记民族精神极大地依存于健康发展的农业之中。实际上，我认为“农业败，则国家亡”应该被振聋发聩地疾呼，被浓墨重彩地铭记。如果一个国家忽视其农业发展，就等于自掘坟墓。理解与实践“农业六次产业化”是一条出路。

丰裕之乡并非专为游客而建的乡村。乡村不需要迎合任何外人，而应该全神贯注于自身社区的生活，努力提高当地人民的福祉。游客是锦上添花，但绝不能弃本逐末。丰裕之乡必丰衣足食，崇礼尚文，睦邻友好。

乡村也不必努力发展为被广告、娱乐、餐饮、购物及唯利是图、见利忘义、环境污染、交通堵塞、瞬息万变等其他城市生活特质所湮没的小城镇。

岁月静好的乡村应该保守初心，去粗取精，而非邯郸学步。村村别有风味，宜借艺术、建筑与农业彰显之。

每个乡村也应该寻根溯源，扪心自问，因地制宜。村里往昔鼎盛之日为何状况？来龙去脉如何演变？为何从前生活的痼疾（距离与信息匮乏）完全消失？为何新难题（速度与复杂性）层出不穷？使距离失去意义的高速交通与通信是否能使每个人享受到公共服务？高铁、机场、5G 以及物联网时代的来临是否能眨眼间赋予每位网民即刻获得以前根本无法解答问题之正确答案的能力？

财富的再分配不仅应该通过向富人收税获得，也应该通过民营企业运用公益资本理念扶贫济困来实现。这样的社会将是令人向往的社会，我坚信，中国最有机会成为这样的国家。

推广公益资本原理

大型企业有义务捐献不超过其10%的股权创立帮助受其影响的基金会。大型企业的定义及其公司实际规模因市场与国别而差异很大，因此需要根据各地情况而定。在日本，大型企业的门槛是其产品及服务年销售额1亿美元左右。如果中国能采用公益资本原理推进乡村振兴，将引领世界接受这一可以确保全球农村社区生活质量得到提高的创新性经济概念。如何操作？

●公益基金会成为拥有支持其企业5%至10%股份的股东。这可以通过第三方配股或个人给基金会捐赠股份来实现。

●鼓励此种体制增长的国家可以通过立法要求大型企业向其基金会捐赠股权。

●每家企业都可以根据当地实际情况，自由自愿地选定其公益慈善的目标与领域（如消除贫困、农业改革、教育、医疗健康、社会福利等）。

●公益基金会通过持有企业股份，能够持续运作。换句话说，与捐赠不同，可以通过企业的股息分红获得可持续性支持。

创立公益资本促进会

现在也许到了创立公益资本促进会的时候，利用网络将中国各地的公益基金会联系起来，相互学习切磋，力求相互促进。卓越的组织才能获得最高层的认可。

以上就是我撰写并在中国出版本书的主要原因。我不建议直接照搬直岛模式。我们的情况非常独特。相反，希望大家能领悟直岛模式背后的原理，与当地实际需求紧密结合，根据当地文化与地理特点因地制宜，活学活用。

本卷标题“以艺为武”，实乃号召诸君利用艺术之力解决问题，造福众生。艺术是文化的源泉，文化是国家身份识别最重要的标志之一。但什么是幸福呢？它是所谓精英阶层的特权还是给社区大众的奖赏？当我们创造增长的能力超越我们管理增长的能力，当我们的所作所为弊大于利的时候，会发生什么？

当今世界深受气候显著变化、过度城市化与工业化侵袭、城乡发展失衡、环境遭到破坏、生育率锐减之害，各种挑战日益严峻，且相互交织，使得整个地球生命质量处于危险之中，对国际经济与社会稳定产生威胁。我们必须立刻行动起来应对我们面临的挑战。解铃还须系铃人！

Chaptor 01 | 第一章

寻找幸福

在直岛，我看到很多人虽然没有享受到现代社会的便利，但过得很幸福，我意识到人可以从安乐中找到幸福。

一、安乐

现代世界的人们需要幸福，他们需要生活在到处是作为生命大师长者的良好社区。这是寻找幸福的起点。

幸福是人类基本追求之一，每个人都需要幸福。它的定义众多，但很少有人能找到它。

对某些人而言，它意味着“快乐”，也就是嬉戏与娱乐。根据不同人的价值观，它可以是享乐主义的，也可以是利他无私的。很多人说它是“喜悦”，也就是高兴与愉快。莎士比亚说它是“兴盛”。希腊人把它定义为实现自己潜力后的满意与满足。佛教把它定义为修行的戒、定、慧。不丹政府发布的国民幸福指数有九大评估领域，包括健康、多元性及社区活力。美国《独立宣言》将追求幸福定义为人的基本生存权，但不能以此为借口，做任何违法或损害他人权利的行为。因此，每个人都对这一高度个人取向化的概念拥有自己的定义。

我个人对幸福的定义是“安乐”，就是你感觉到开心、舒适、健康以及对生活满意。

二、城市社会契约

“存活”是史前时代幸福的定义，“安乐”意味着比他人更强壮。群体带来的安全促使众人建立村庄，共同抵御敌人，游牧者停止迁徙，穴居人寻求比邻而居。人们建立村庄，相互分工，收入提高，安全感提高，村庄成形。

随着时间的推移，村庄吸引到越来越多的人加入，从而形成乡镇，进而发展成城市与超级城市。不同城市区域发展各自的强项，有些是港口，有些是铁路枢纽。主要河流附近的社区蓬勃发展，城市变成交通枢纽、金融中心与政治中心。城市修建图书馆，组织运动队，运营艺术馆、大学、音乐厅与剧院。收入增加，人民感觉更安全，城市也成形。

在很长时间里，村庄与城市得益于一条没有明文规定却促成两者各司其职的社会契约。村庄的工作是供养城市并为其提供从原材料到源源不断劳动力等各种所需的支持。与此同时，城市需要从村庄购买足够的农产品，村民们才能得以维持生计。城市也修建新的基础设施，实现科学突破，通过培养艺术家加强创新与发展个性，塑造文化。但城市也产生狄更斯式的恐怖，伴随着黑暗贫穷的底层社会、童工与蔓延的犯罪。接下来随着时间的推移，大城市开始自我调整，最终变成卓越文化与经济机会的中心，在那里，城市居民兴旺发达起来，同时感到安全，进而社会契约成形。

这种关系直到20世纪才被战争与快速发展的工业化所打破。

农村社区开始人口萎缩，随着年轻人离家到大城市寻找机会，他们的生产人数锐减。小农场主的庄稼更难卖出好价钱。速度为王，使其作为执行人的农村社区不堪重荷，难以更多、更好、更快地生产。他们拼尽全力，但发现其收入甚至还比不上城市地区公司的新员工。当在农村长大的青年将老人与孩子留在故土，离乡进城后，城市移民飙升，他们已无法继续扮演社会契约中原有的角色。

与此同时，城市开始变味。虽然他们有了音乐厅和奢侈品牌包，但他们开始丧失活力。各种问题接踵而至，腐败与衰退愈演愈烈。即使这样，城市化的怪兽仍不满足，它无法控制对一切的更多需求，更多的物质会引发更多的贪婪，更多的汽车会导致更大的交通堵塞和更多的空气污染，更多的财富带来更多的犯罪，城市变成关爱他人的荒漠，唯有富人可以躲避城市化的惩罚。如果这些还不够，气候变化的影响叠加起来，已威胁到经济与社会的稳定。城市当然也无法继续扮演原先的角色。社会契约轰然坍塌。

三、无限城市化?

现代化即城市化、工业化。这是与“更大、更强即更好”思维相一致的。这是建立在“提高生产力及效率为重中之重”思维基础上的。但过度城市化与工业化真能给人民带来幸福吗?

如今，城市化陷入了追求利润的过度发展。城市比以往更大更复杂。

现在人类历史上首次有一半人口生活在城市中，城市化进程令人震惊。目前的城市居民数量是1950年的5倍。这种增长主要发生在临时住宅区和贫民窟。很快世界上将有700座人口超过100万的城市，虽然它们只占世界陆地总面积的2%，而大约13%的世界城市人口生活在沿海城市，这些城市受到因全球气候变暖引起的海平面上升与洪水的威胁。

比物质窘境更糟的是，我们发现城市自身受困于一个精神层面与金钱绑定的陷阱，这是一个自我设定但又无法自拔的恶性循环：富人说“需要更多”，也实现了更多，然而富人越富，贫困的人群愈加贫困。

更多并不总是更好。那什么是足够呢?

四、农村社区是新前线

城市地区正在继续疯狂逐利，然而农村地区却基本未变。距离使后者没有受到太多城市生活毒害的影响。对我而言，这种良性忽视一直是件好事，由于缺乏城市地区的帮助，农村社区只能自力更生解决问题。结果，它们比以前更好。如今，一两百人的小村子有汽车、光伏面板和手机。在地方乡镇的百货商场中，商品琳琅满目，从羊绒衫到时尚靴等应有尽有。这些地区已蓄势待发，准备就绪，以迎接振兴的到来。它们已经相当繁荣但缺少具有足够意义的事情可做。它们需要做一些能团结社区尤其是青年人并提升其精神的事情。

对城市失控发展的痴迷不应使我们放弃寻找农村转型的其他途径。对我而言，策略应该是通过农村社区创新型发展模式，平衡城市化成本。在农村，人们根据生活质量而非拥有物质的数量来评判满意度。

五、直岛模式

我用了 30 年依据“幸福即安乐”的定义，在日本濑户内海偏远的直岛、丰岛和犬岛修建了一处艺术与建筑之美融合的精神归处。这些可爱的海岛是日本第一座国家公园的瑰宝，它们的秀美使我父亲萌生了在直岛西南部为少男少女修建露营地的想法。我父亲突然去世后，我们在思考如何推进，我需要做出决定。在极具长远战略眼光的直岛三宅町长劝说下，我受到鼓舞，决定继续我父亲的未竟工作，以继承加融合创新的方式让直岛获得重生。

生意不错，但年轻人对直岛的生活没兴趣。后来福武先生来了，运用艺术帮助他们欣赏这片养育他们的土地。

——1987年福武先生独自考察直岛时任直岛副町长的滨口优先生

我开始经常访问直岛。我不但郁闷地看到直岛严重的污染，也气愤地看到了濑户内海其他岛屿毫无缘由地被日本工业化所拖累。直岛与犬岛空气中充满了精炼厂排放的二氧化硫，90多万吨工业废料被非法倾倒在丰岛上。

在那里长大的年轻人看不到未来，因而离乡之后一去不返。岛上居民们已经放弃了再呼吸新鲜空气或喝到清洁饮水的希望。

直岛炼铜厂（摄影：绿川洋一）

丰岛上的工业废弃物违规倾倒（1975—1990 年；供图：丰岛居民废弃物管理协会）

犬岛炼铜厂（1917 年）

很显然，必须采取行动阻止这些正在蔓延的疯狂。所以我决定马上行动，去跟破坏环境的人理论，劝说他们思考自己的行为对当地居民的影响并跟我一起亡羊补牢。以下是我采取的一些行动。

●我变更了父亲所创立的企业的名称。它原来主营出版业务，叫作福武书店，而我专门从拉丁语中选取了“倍乐生”一词作为新名，因为它的释义是“安乐”。在父亲去世前，我习惯于东京忙碌的生活方式，在那里人们可以享受到大量物质与娱乐产品，但好像并不能感受到幸福。而在直岛，我看到很多人虽然没有享受到现代社会的各种便利，但有着发自内心的幸福，因而我意识到，幸福来源于“安乐”。我选用一个拉丁单词是因为具有拉丁背景的人们天生会享受阳光与美丽的大自然。我开始反复思考这点，最后决定把它作为我公司新的哲学导向。

●我把公司的业务焦点拓展为帮助妇女、儿童与老人。

●在公司上市以后，我与家人捐建了一家慈善基金会，以便与整个社区及“倍乐生艺术场直岛”项目分享我们的盈利。

●为了给基金会持续提供资金，我与家人捐出了我们个人足够多的股份，以便利用这些股份的分红支持基金会的运营，同时保证本金作为永久性资金不动。

●我决定为了内心正确的坚持，以当代艺术为武器。我想改变人们的思想，运用当代艺术的魅力促使人们思考。

直岛是我们的第一个主要项目。我们买下了父亲曾想为青少年修建露营地的直岛南部大片土地。1992年，把一切清理干净后，我们开始建造倍乐生之家美术馆。1994年，开始放置室外艺术品。1998年，修复了村里的老屋。在这些博物馆中，我们精心挑选了克劳德·莫奈、阿尔贝托·贾科梅蒂、让·米歇尔·巴斯奎特、詹姆斯·特瑞尔、大卫·霍克尼等世界级艺术家的作品。在馆外的草坪、海滩和山坡上，我们陈列了乔治·里基、丹·格雷厄姆与大竹伸朗的艺术作品。对于选择当代艺术作品，我们本着完全开放并尊重作品的态度，既有让观众人见人爱的作品，也有让观众摸不着头脑的作品，比如草间弥生的南瓜系列。我欢迎异想天开的艺术作品，我们甚至把一座大象的巨形雕像放到了当地公共浴室的中央。

我的艺术振兴版图逐步拓展到邻近的犬岛上，在那里我们将一座废弃的炼铜厂改造成了美术馆。我们并没有刻意回避选择有争议的艺术作品。

接着，我们把注意力转向丰岛，那里的居民饱受诸多污染之苦，只能通过诉讼进行反击，并赢得了司法战。但经过旷日持久的斗争，居民们感到精神空虚。所以我建议修建一个他们重获新生的象征，像一座没有教义的教堂一样，把全岛团结起来，由此我们修建了丰岛美术馆。

在过去30多年里，我有幸同伟大的艺术家们合作，或者购买他们的作品，或者聘请他们创作。

对于建筑家也是如此，特别是享誉世界的安藤忠雄先生为我设计的建筑比给其他任何人设计的都多。其他同我合作的设计师包括妹岛和世、西泽立卫、三分一博志。我想说，我并非孤军奋战。我身边聚集了各种确保我们工作达到最高标准的专家。最重要的是，我们也认真聆听当地居民的心声。

我的目标是建设幸福的农村社区，而且发现直岛模式需要自上而下与自下而上同时推进。每一步的发展，我们都希望社区能参与其中。我们面临的挑战层出不穷。虽然历经多年，但我们的艺术家与建筑家同当地居民一直同舟共济，同心协力，因而我们高歌猛进，战胜了一切险阻。

> 很多次我们感觉遇到了无法逾越的困难，但现在都变成了笑谈与回忆。
>
> ——直岛文化村有限公司总裁笠原良治

头 18 年，我们勉强收支相抵。但我们不断探索可持续发展之路。如今这些海岛每年接待 50 万到 70 万名访客，其中三分之二来自日本，其余来自世界各地。美国《康泰纳仕旅行者》杂志于 2000 年将直岛评选为世界新七大奇迹之一，与巴黎、里约热内卢、柏林齐名。

我们目前能够收支平衡，主要得益于访客门票、不定期捐赠与我家族捐助该项目股票分红的组合收入。最重要的是，我看到直岛模式已经通过艺术与建筑复兴出健康环境，生活在其中的村民们笑逐颜开，村民们通过装点家园和清扫街道表达了对生活在这样社区的自豪，我称之为地球上的幸福社区。每当我身心沉浸其中，就感觉回到了家。直岛是我灵魂的家园。

> 我第一次遇到福武先生的时候，他正在用橡皮摩托艇托着悬挂式的滑翔机。他请我搭乘，别人都不愿意去，所以我就去了。我们一起乘了船，之后又一起喝了酒。他赢得了我对振兴直岛的支持。那是一次关键的邂逅。
>
> ——直岛自民党党魁、三菱综合材料株式会社雇员奥田先生

直岛的成功在多方面具有划时代的意义。首先，我们通过利用当代艺术振兴了被损毁的农村海岛。对于许多国家而言，乡村振兴都是一项挑战，而我们通过艺术之力实现了，而且是融入了村民日常生活之中的艺术，没有过多解释，也不与娱乐或时尚语言及新闻风潮直接相关。这样，艺术成为一方更为智慧、更为平和地反思当今社会的净土。这是一种创新方式，给农村地区赋予了大城市所无法享有的特质。将艺术带到乡村也可以吸引多元化人群，这些人通过与新老居民及艺术家思想的碰撞强化了当地地域特色。在农村社区振兴备受关注的当下，在世界各地推广这种合作适逢其时。

六、在日本以外地区推广直岛模式

我在日本海岛推动的乡村振兴项目成果卓著。我很高兴地发现有些中国慈善家闻风而至，表示愿在中国偏远农村与社区借鉴我们的经验。他们当然要因地制宜，中国人称之为“中国特色”。这非常好！振兴被现代化进程所遗忘的乡村既至关重要又充满挑战。

> 福武先生的哲学改变了我。在他的指导下，我希望为我家乡桃花岛打造一个健康、幸福的明天。
>
> ——中国青年慈善家董方军

我相信这些想法都是放之四海皆准的经验，必将从日本传到中国和其他国家。但是，本书聚焦中国，并将其作为其他国家观察与借鉴的案例。

我选择中国，是因为中国已经具备或即将具备很多成功的要素。中国的城市面临挑战，中国的广袤大地遍布着魅力无穷、风景如画的乡村。中国政府与人民正在致力于寻找过度城市化的解药，探索乡村振兴的良方。

实际上，从 2010 年的某个时间点，中国已经成为城市化国家，当时中国农村人口第一次在中国历史上下降到了 50% 以下。为了防止农村地区进一步边缘化，非常有必要关注保留下来的原汁原味的农村生活，不要再遗失任何天然的宝贵财富。

20 世纪 50 年代末，中国农村经受了几次严峻的考验。当时所有人包括最贫穷的农民都被要求参加大炼钢铁，以便让中国赶超工业化国家，刚刚从“大跃进”中缓过来，中国农村又被卷入了“文化大革命”中。那些年，许多城市与农村的珍宝毁于一旦。

1978 年以来，中国农村进城人口逐年增加。超过 2 亿农民离开了农村到城市工作。

伴随着这 40 多年农村人口进城浪潮，进城青年很喜欢在城市工作，挣的钱不但够自己用，还可以寄回老家。城市很乐见其成。农村源源不断输送农民到日新月异的中国城市地区充当工厂与高科技组装线的工人。

但是正如我提到的，城市拼命跟上发展的步伐，而有些村庄享受着振兴的进程，与城市的距离已不再是问题，因为全国高铁、飞机、高速公路以及通信设施和其他发展的成果将农村与城市的距离变成了积极变化的机会。中国农村变成了待开采的钻石。从文化上讲，它们仍是中国传统的核心。从经济上讲，它们是新前沿，特别是对于那些理解真正的财富是来自高品质的体验以及分享快乐且组织严密的社区来说。

中国国家主席习近平先生是赞同农村地区并未丧失潜力的观点的。在中国共产党第十九次全国代表大会上，他首次提出了乡村振兴战略，并提出要按照产业兴旺、生态宜居、乡风文明、治理有效、生活富裕的总要求推进农业农村优先发展。习近平主席要求以实际行动提高农村社区生活质量，得到人民群众的积极响应，他们准备沿着习近平主席指引的方向拼搏。在习近平主席的领导下，中国乡村振兴方兴未艾。

未来，中国人民将全力推进这项改革。与此同时，本书也将不断修订再版。我希望读者朋友们发现直岛模式有所裨益并因地制宜地加以运用。未来 20 年，我们将共同见证中国乡村振兴是如何打造幸福社区的。

我热切祈盼我对于农村社区的信念能给人们提供更多享受大城市以外生活的机会。这样每个人都可以为对抗过度城市化以及利润驱动的破坏性资本主义贡献一份力量，这样在一两代人之内，一批资金充裕、精力充沛的急先锋将重新发现农村，利用艺术为农村注入新的生命，并把它们变成“人间天堂”。

Chaptor 02 | 第二章

乡村振兴原则

一、珍视我们的村庄

乡村是待开采的钻石，它们为寻找过度拥挤城市替代品这一命题提供了强有力的答案。

（一）绿色农村

小型的乡村社区是文明的摇篮。大多数在地球上生活过的人都有自己的栖息地。多少世纪以来，村庄及其周边乡村地区一直都是丰富人类文明及其多元社会和文化传统的家园。我们祖先在周围的山上、田间、水中和湖里找到了自己的初心与灵魂并见证了自身的心路历程。简而言之，农村社区一直与自然密不可分。虽然那时的生活艰辛，没有现代的舒适与便利，但至少空气清洁、水质纯净、土地绿色、肥沃且可持续发展。对于寻找幸福的人们，生活在村里是一种令人满意的选择。

（二）城市与财富的海市蜃楼

上述生存状态一直持续到工业化时代的到来，后者保证各阶层人群生活都会得到提高。城市被认为更方便、更舒适，在那里有更多的物质产品、更好的经济机会、更多的新职业选择以及存在于图书馆、博物馆、音乐厅、高档餐厅、现代会议中心与光鲜体育竞技场的多彩文化生活，城市被认为以拥有农村所没有的基础设施而引以为傲，并且进了城就变富。城市提供了一个只要搬进城就可以变得富有、变得幸福的海市蜃楼。

这些误导观念导致了世界许多国家内部农村向城市的人口流动。这些都是错误的。

比如，中国历来都保持至少 80% 的农村人口。但工业化、城市化以及市场经济的兴起打破了这一格局。由于农村向城市的人口流动已达到了狂热的程度，当前中国的农村人口已不足 50%：超过 8 亿人生活在中国的城市，而只有不足 6 亿的人生活在中国的农村。

（三）变革时代

目睹了日本战后不受拘束的城市发展，我开始相信盲目追求金钱及“更多的一切”并非正确的选择。获取物质财富的欲望本使人感到幸福，现在也开始变了味儿。

贪婪、不公平竞争、过度开发与跟不上发展进程的基础设施都有部分责任，但最主要的问题是来自有再多钱也不算多的底层逻辑。“贪婪”这种令人鄙夷的思想使人们及其生活的社区苦不堪言。

如今，城市生活已失去很多吸引力，如果我们什么也不做的话，注定还会失去更多。城市生活已经从一种良好的生活方式蜕变成危害我们健康、消磨我们精神的生活。城市将会继续存在，但我认为，如果我们能阻止资本主义的过度扩张，并通过更亲近自然及社区来减少城市隔膜，世界将变得更美好。

对我而言，极其显而易见且有希望的替代品就是大批已历经时代考验的农村社区。每个国家都还有些这样的乡村瑰宝，谢天谢地，城市化进程还没有波及它们。囿于时代的农村社区一直在尽力保持自身种子的存活，即便非常艰难，但仍相信终有一天社会将认可它们的价值并把它们复兴起来。当这种情况发生时，农村社区将自我迭代，开启 21 世纪的生活方式。这些农村社区都是未开采的钻石，它们为寻找过度拥挤城市的替代品这一命题提供了强有力的答案。

50 多万个村庄仍然遍布全中国。当然，它们正在遭受青壮年劳力流失的打击。这些封闭的地区也一直经受着现代化的洗礼。有些地方仍保持几百年前的风貌，普通人的生活仍可以被追踪与被发现。我曾目睹了日本社区在这方面的成功，深信中国和其他国家的人民也为建设更具活力的农村社区做好了准备。广袤无边的乡村是一个完全不同且充满活力的世界。那里有我们的祖先，也蕴藏着我们的文化瑰宝。

（四）转型

我在本书中几次提到转型。在本章中，我挑战“城市是获取幸福的关键”的假定，力求用另一个老旧但靠谱的假定取代这个新派却问题重重的假定，即农村才是获取幸福的关键。

在我们有生之年仍有可能治愈因过度城市化与不受约束的资本主义导致你死我活的竞争、贪婪与孤闭所带来的伤痛。

这种转型是有可能成功的。我们需要坚信这一点并行动起来。正如我前面提到的，我们需要相信在超大型城市出现之前，空气是清新的，水是纯净的，土地是绿色、肥沃、可持续发展的，而农村是获取幸福的捷径。我们需要同社区紧密合作，直到让每一个村庄生机勃勃为止。

这是一项非常及时的工作。一个接一个国家的城市在过度开发的重担下痛苦呻吟着，生活在城市中的民众不怎么幸福，造成这种问题的原因存在于形而下（废弃的建筑、空置的房屋和地洞、锈蚀的桥梁）与形而上（恐惧、封闭、敌对）两个层面。纽约市民比美国其他城市居民更感觉自己生活在美国最不幸福的城市。如果那么糟，当一组经济学家问他们为什么仍生活在那里，纽约人一般都回答，“虽然没有幸福，但经济回报不错”。换种说法，他们处于不幸福的受雇状态。金钱真的比幸福更重要吗？这是一种什么样的生活？肯定不是一种能长期持续的生活。

（五）中国的机遇

中国也有找寻城市生活替代品的需求。中国拥有15座千万级以上常驻人口的城市，1200万人生活在深圳，这座城市30多年前还是稻田。北京已经修建七环公路，这里曾经雾霾深沉，污染严重。没有人喜欢这种环境。但是也没有人愿意回到改革开放之前的中国，那时所有人的工作都由政府分派，人们骑着自行车，吃着很多跟大白菜有关的简单饭菜。接下来，现代化与其精神伙伴城市化纷至沓来。中国人仍然吃白菜，但花样繁多，令人目眩。人民生活各方面质量大幅度提高。但城市发展到一定极限后，活力开始下降。这就是中国的现状。村庄正好可以扮演特别角色。

2017年10月，中国国家主席习近平指出，中国社会主要矛盾已经转化为人民日益增长的美好生活需要和不平衡不充分的发展之间的矛盾。他多次强调，不断提高人民物质文化生活水平是事关中国长治久安的政治要求，要牢记在心，落实在行，同时号召中国人民坚持“绿水青山就是金山银山”的发展理念，把生态效益更好转化为经济效益、社会效益，坚定走出一条生态美、产业兴、百姓富的可持续发展之路，努力把绿水青山建得更美，把金山银山做得更大。2018年7月，习近平主席特别强调乡村振兴，要求各级党政部门加大对农业与农村地区的投入与支持。在2018年中央一号文件中，中国全面部署实施乡村振兴战略。

一方面为了响应党中央的号召，另一方面因为城市潜力下降而农村社区开发条件已成熟，中国正在通过重新聚焦农村地区的社区，开始调整城市发展规划。这场积极运动可以为成千上万个村庄的社区和周边地区带来新生命。我相信这一梦想不仅可以在中国实现，也可以在其他被城市化困扰的国家实现。

珍视乡村，振兴乡村。恢复城乡社会平衡，这就是路线图。

（六）下一步

启动这一路线图，首先要找到农村社区中已被破坏但具有提升活力吸引村民返乡潜力的村庄。而一切行动都要以当地文化为基础。要对当地居民及其工作充满敬意，以便赢得人民及其领导的支持。接触社区并与他们共同努力。保护老建筑，鼓励艺术家与建筑师恢复它们本来的魅力。确保乡村经济可持续发展的同时，要将文化与社区作为重中之重。奉行天人合一的理念，并且积极参与应对气候变化的活动。长此以往，就可以通过艺术、建筑以及农业之力，将世界上任何地方、偏远衰败的社区转变为健康与幸福的生存之地。

再过 20 年，我希望回顾这段历史时，这将是最伟大的转型之一。到那时，也需要整个世界放弃只有城市地区才能使人们获得幸福的幻想，并理解农村地区同样可以使人民获得幸福，甚至效果更好。

（七）最终

在我的梦想里，农村社区可以完成作为城市绿色替代品的使命。修复的建筑可以提供地域特色。技术可以使工作落实，可以在任何一个联结点赚到钱。艺术不断提醒我们转型与社区的力量。呈现艺术的建筑提升并塑造了体验。农业使人民获得温饱并使当地经济可持续发展。

在这些梦想中，还有一个从亚洲到非洲和全世界推广乡村振兴的趋势。最终结果就是建立起一个生机勃勃、充满创造力的全新乡村世界，在那里人们享受清洁空气、绿色食物、可持续的工作的物质喜悦，同时享受与满足有产出、有价值与幸福的精神安宁。

二、利用既有的创造新生的

> 要尽力避免用完即可丢弃的心态，重新利用你使用过的东西。
>
> ——福武哲彦《福武之道》

（一）保存历史

不论走到世界的什么地方，我都能看到人们为寻找幸福而努力拼搏。他们的首要选择一般都是现代化。但对我而言，现代化是一种创造性的破坏。在任何地方都是如此，世界上有经济增长的地方，社区就会利用新资源制造新产品而忽视现有的事物。难道我们不应该争取找到可持续发展的模式吗？难道我们不应该首先得益于从祖先继承下来的物质遗产，再将大多数遗产传承给子孙后代吗？我们所需要的其实只是一种创新型思维。

现代化即城市化，这两者是同一件事。世界狂热的现代化已造成大范围毁灭性损失。太多将文化奉为圭臬的核心元素已在内涵层面与事实层面被摧毁或遗失殆尽。带状商业区泛滥全世界，它们单调的同质化使所有地方都面临变得一模一样的威胁。许多人因为不论到哪儿都在跟家附近一样的连锁店购物或用餐而放弃了旅行，我对此非常难受。

为了追逐利益，我们一刻不停，把大气当成开放的下水道，将有毒废弃物倒进森林与河流，削平山峦，铲平英雄的家园，惊扰祖先的魂灵，竭尽一切可能切断精神与环境的联系。城市儿童饱受在平庸之海中长大的痛苦。从很小的时候，他们就被浸润于一个与自然绝缘的商业世界。他们的精神被拥挤的城市环境深深毒害。

这种“先破坏，再治理”的思维必须停止，但是规避它需要直面现实与呼唤改革的勇气。任意无序发展唯一合理的辩护就是产生即时短期利润，但是现代化的许多原因都是自私与短视的，最重要的是并未意识到忽视重新利用现存物品在一般情况下将增加长期成本，减少整体利润。

从文化与经济角度看，破坏历史很不明智。为了最大限度地保护自然环境与历史，保存旧物并将其重新利用，可以点燃未来的希望。

建筑一定要有环境相配，还要像植物一样繁茂并变成地球圈的一部分。

——犬岛精炼所美术馆建筑设计师三分一博志

（二）开发地域特色

一座建筑或一个物体物尽其用所释放的价值肯定要超过其物质价值。遗物遗迹都是应该得到珍视的瑰宝。具有地域特色就是要对社区之间与众不同的建筑及其他文化细节保持敏感，并能区分哪些细节符合地域特色，哪些不符合。这种敏感是乡村振兴成功的关键。

把地域特色理解为一个有形化的形而上学概念对于将其应用于房屋和建筑很有帮助。这既是一种心态，也是一种原则。我无法想象乡村的文化脉动能在进口的预制房里存活太长时间。乡村的文化之魂要求一切都要看起来和感觉起来属于那个地方。

地域特色要比建筑学院教授的任何其他科目都更具文化感。具备地域特色的建筑完工后，包括根据法规要求所做调整完毕后，绝不会跟周围环境有违和感。我相信与环境融为一体的建筑将给乡村加分而不是减分。

（三）入境问禁，入国问俗

抽象来说，地域特色指人们与一个地方或环境间的美学感情联系。在实操层面，这种联系要求我们在建造新式样的同时，使人们感到情感上的熟悉。所以，当我们重建老屋的时候，难道我们不应该尽可能重新使用原初材料吗？如果我们加入新材料，如何让这些新材料也体现出当地历史与传统呢？

即便不能保存传统文化的物质层面，地域特色也可以帮助我们创造出符合周围环境的替代品。即便是装修的时候，也是一样。为了避免让建筑看起来与周围格格不入，我们推崇文化、历史与环境，我们也可以推崇祖先。

（四）再利用与循环利用

我认为振兴与重新利用现有资源比从头开始要好，这是社会基本常识。重新利用现有材料对于精神追求与节约开支而言，都是更好的选择。

循环利用是振兴的另一个关键。它可以决定一个社区能否重获生命。如果一个社区居民只想到如何清除塑料以及其他污染物，这个社区不会太好。如果居民将循环利用当成一种重新利用现有材料而不购买新材料的有效手段，他们的社区就会好得多。

尽可能少地使用自然资源应作为各经济体共同认可的目标，

即应该依靠可再生资源、可再利用材料和能使环境得到保护及可持续发展的文化活动。

（五）扩大艺术博物馆的概念

我与团队最喜爱的工作之一就是设计一系列风格迥异的博物馆，并在此过程中，重新定义博物馆的概念。我并非唯一持有这种主张的人。我希望自己的行动比语言更有说服力。

一件艺术作品就是一个由人创造的美的客体，但艺术不是人造的，而是我们如何看待这个世界的自然流露，它的美与意涵差不多总是在自然环境里才能被更好理解。基于这一理念，我请建筑师安藤忠雄在直岛设计了一座酒店，我在酒店里修建了一座博物馆。酒店的客人可以不分昼夜随时免费欣赏与体验艺术，受到与周围环境融为一体的天窗启发，我还修建了地下博物馆。在丰岛，我修建了一座由一个大空腔和两个可以透进光和万物的窗子组成的博物馆。在犬岛，我把一座炼铜厂改建成了一座博物馆。在这两座岛上，我还挽救了13间废弃的老屋（直岛上7间、犬岛上6间），并把它们改造成了“艺术之家”，在那里整座老屋都变成了塑造观众欣赏屋里艺术作品所需理解力和享受度的实验场。这些狭小独栋的博物馆依靠着自然光照明。

每座艺术之家只集中展示少量艺术作品，有时只有一件作品。每座艺术之家都能提供一种独特的艺术体验。

这些新风格体验式的博物馆传达出的理念是，艺术博物馆不必是四四方方的建筑，也不必一本正经地展示成千上万的艺术作品。那种形式也不错。我不想贬低大大小小用心展示艺术的博物馆的成功，特别是在拥挤的城市环境中。但即便只是一座小房子，或只展示一件艺术作品，博物馆仍是博物馆。同样道理，如果一座博物馆从设计开始到最终展示都只为一件艺术作品量身打造，心无旁骛，它的意涵才能得到更好的理解。

犬岛精炼所美术馆值得一提，因为它是濑户内海岛屿上最大的博物馆之一，它设施的运转完全依靠博物馆周围太阳、风与水所天然产生的能源。炼铜厂重新被利用展示了一座看似毫无希望的废墟是如何被复兴且被转变成为一座充满智慧和冒险的博物馆的。建筑师三分一博志花了 3 年时间研究这座废弃的工厂，在他将这座工厂转变为博物馆之前，该工厂已被关闭了 90 年。这座博物馆只展示了少量艺术作品，但是每件作品都带有独特信息，展现了运用既有材料创造新作品的成功之道。

（六）建造艺术之家

每个我见过的衰落农村社区都有被遗弃或者任由其破败的房屋。虽然看起来老旧不堪，但经常能隐约看到它们本初的风采。它们可能只剩下了惨白的骨架，但它们的表面可以被重新粉刷，它们的墙壁可以被重新加固，它们的地面可以被重新铺平，它们的用途可以被重新定位。蕴藏在老屋中的能量期待被重新唤醒。我们所需的一切就是将这些想法转化为行动的决心。

在此哲学理念的指导下，我们同濑户内海岛上两个村子的居民和町长一起，在一个村子选了6间空房，在另外一个村子选了7间空房（通过重新利用可用的材料以及替换少许跟老屋时空相符的部件）进行改造，接着通过在房间里放置当代艺术作品建立起艺术之家。虽然艺术之家规模较小，但很有吸引力，也容易建造。艺术之家增加了让当地居民参与对其有直接影响的社区振兴项目的机会。更好的地方是，艺术之家为濒临衰败的村庄重新注入了活力，为当地社区带来了自豪与希望。这一理念放之四海而皆准。我热切盼望着小型艺术之家点亮全世界、振兴乡村小街与陋巷时刻的到来。

没有比利用既有材料创造全新事物更聪明的智慧了。

三、经济是文化的仆人

> 我们必须超越基于规则的思维定式，采取一种更加基于原则的方法，在前一种情况下，我们时常会问："这合法吗？"在后一种情况下，我们时常会问："这对吗？"
>
> ——美国前财长亨利·保尔森

（一）从无法忍受到心向往之

我刚开始在直岛做乡村振兴的时候，当地年轻人纷纷离乡，即便留下来的也不再为自己故乡感到自豪。看到直岛这样的小岛牺牲这么多，回报这么少，实在令人无奈。

这就是我致力于帮助当地居民重获对自己村庄与生活自豪感的原因。我们在直岛的艺术与建筑项目花了 17 年才达到收支平衡。那是艰苦的岁月，但我从未想过放弃。我下定决心要真正另辟蹊径，找到一条将乡村生活从无法忍受转变为心向往之的道路。

我们以将我公司名字改成倍乐生为开端，同时把我公司核心业务从教育出版拓展到为各年龄段人群提供享受生活的综合服务。我们进军老年人护理、年轻母亲育儿护理以及帮助人们找到福祉的其他定向服务。

我们也创立了“倍乐生艺术场直岛”这一概念以实现幸福，人民一定要生活在幸福的社区里。我们决定在直岛上建起这样一个社区，在那里我们开始开拓现在被称为直岛模式的乡村振兴之路。我发现自己可以通过梦想开发直岛并向全世界展示如何将一个偏远乡村转变为一座充满微笑长者的避风港，并借此来发泄自己对过度城市化的怒火。我感觉没有什么可以阻挡我。我振兴直岛后，世界访客纷至沓来。我相信访客将会看到这一奇迹，并把我们的理念带回去。

我们成功了！现在，虽然交通不便，直岛每年依然要接待 70 万访客。那里没有机场，来访的游客必须先飞到附近的大城市，然后乘车穿过城市到海边码头，最后再乘轮渡到直岛，海陆空交通工具都得坐遍才能抵达目的地。真的是道阻且长，但八方宾客仍慕名而来，都想亲身体验一下利用艺术与建筑将被污染的乡村改造成宜访宜居圣境的传奇。外部世界的认可也使直岛声名鹊起：美国《国家地理》杂志发布的2019年全球旅行酷榜指南，将举办濑户内国际艺术节的直岛列为全球最酷旅行地的第一位。现在直岛因其艺术使长者重新笑逐颜开而为世人所称道，我非常满意地把它推崇为社区与商业良性互动的典范，这已经超越人类一般生理体验的范畴，成为一种超凡脱俗的安乐。

（二）一种超越的需求

亚伯拉罕·马斯洛是一位美国心理学家，正是他的自我超越理念在我建造“倍乐生艺术场直岛”时不断给我带来灵感。如同黑夜明灯，这一思想一直指引着我们开展改造乡村、提高村民生活的各项工作，直岛证明了即便受污染的最偏僻的乡村也可以转化为宜居的幸福之地。我希望全世界各地的慈善家在推动乡村振兴时能充分使用马斯洛需求层次理论以及本书思维。

虽然远没有另外一位心理学家西格蒙德·弗洛伊德出名，但马斯洛1945年提出人的行为是需求导向的，因此只需要了解人的需求，就可以预测人的心理及其行为。

这一极有力量的理论被马斯洛精心命名为“需求层次理论”。他认为人类具有5个需求层次。

1. 生存需求，主要包括食物、水、住所等方面的需求，这是人最基本的需求，是原始人都有的需求。

2. 安全需求，主要包括人身、财产、情感、健康等方面的安全需求。这也是任何人所追求的基本需求。

3. 社交需求，主要包括友情、亲情、爱情等方面的需求。文化层次的需求开始呈现。

4. 尊重需求，主要包括被认可、被欣赏、被敬仰。

5. 自我实现需求，即人尽其才。最初，马斯洛将这一需求定义为人类需求的最高层次。

马斯洛理论认为所有层次的需求都很重要，应该从生存需求开始由低向高逐一满足，他指出最高层次的需求——自我实现的需求最难满足。这是第五层级的需求，位于人们根据马斯洛需求层次理论描画出来的金字塔的顶端（马斯洛本人从未把他的理论以金字塔的形式表述过）。这是马斯洛 20 世纪 40 年代的思想。但是随着时间的推移，马斯洛和他人开始寻找人类更高层级的需求，一种超越满足自己需求转而满足他人的需求，但我认为自我超越的目标应该是帮助社区中无法靠自身实现安乐的老幼病残。

这是发现马斯洛理论最有说服力的地方，一个服务于他人的生命才是超越性的生命，这有助于人们理解一个帮助他人的生命会获得庞大而无形的回报。马斯洛的自我超越理念将助人置于助己之前。我对这一深刻思想完全赞同。即使在听说马斯洛理论之前，我已在探寻帮助他人之道。

（三）为财富开辟通向安乐之道

我相信一个社区也能从生存到安全，到自我实现，甚至自我超越，由低到高逐渐满足社区成员各个发展层次的需求。人们愿意帮助他人，尤其是当他人也愿意帮助他们的时候。实际上，在建造“倍乐生艺术场直岛”的过程中，社区巧妙地完成了从每个人的基本需求向每个人都满足社区他人需求的转变。

其他人可以按此同一模式帮助需要帮助的居民。他们也可以通过将自有资金注入非营利部门的方式支持当地实现其社会目标。我认为政府应该用税法鼓励这种善举。捐赠现金或股票支持新非营利组织的公司或个人享受减税待遇，使值得支持的非营利组织愿意在重要但经济回报不高的领域工作，而这也是那些风险规避、逐利导向的公司不愿投资的领域。乡村振兴、环境保护、扶贫及其他极其重要的社会工作领域正是公私伙伴关系的理想用武之地。

（四）将安乐置于赢利之前

正如我所述的经济必须服务于文化，也就是我们一定要将安乐置于赢利之前。许多资本家可能会反驳，追逐利润是资本主义的基本原则，如果富人不能更富，资本主义将荡然无存。我的观点正好相反：如果不能使社区受益，资本主义将无法立足，所以我们必须始终将提高社区安乐置于增加富人获利幅度之前。

我也注意到生存与安乐的需求作为马斯洛的两个低层次需求是生理方面的需求，而亲情、尊重、自我实现及自我超越都是文化及心理方面的需求。

因此，我的观点是，如果资本主义提高了社区的安乐，它就可以兴旺，同时也可以产生足够的赢利来支持不断壮大的中产阶级和少数富豪。但是，经济需求一定要弄清轻重缓急，否则将使世界某些国家贫富差距的鸿沟进一步扩大。我们应该关注占人口 99% 的社会大众的安乐，而不是持续自 20 世纪 70 年代以来一直关注只占人口 1% 的富豪需求的传统。

达到这一目标的做法是政府将投资引导到可以提高人民福祉的理念并积极主动地评估这些理念的有效性，但不以经济回报为标准，而是以向大众提供基本人权、住房、教育、卫生、就业及更高层级人权、言论、集会、良好收入的全面进步为标准。政府也可以考虑提高赢利大的公司的税收，降低服务社区公司的税收。

（五）评估幸福导向的进步

我们已经见识了经济主导的世界是什么样子。结果是给整个世界带来混乱，使社会大众遭受资源衰竭、气候变化、生物多样性消亡以及社会与文化基础设施崩溃之殇。我不能让这种恶性循环持续下去。我们必须停止以国民生产总值的规模衡量成败，转向以文化安乐来评估优劣。我们可以考虑借鉴不丹政府发布的国民幸福指数、联合国开发计划署发布的人类发展指数、经济合作与发展组织编制的更好生活指数。我也很欣赏美国盖洛普咨询公司发布的年度全球幸福感排行，该调查通过几十个问题评估了150多个国家和地区的幸福感，评估的3个主要标准是，人们如何评判他们生活的整体状况，他们的日常幸福感和他们的身体安乐度。

我很推崇这些评价体系，因为它们强化了国民生产总值不应作为衡量幸福唯一标准的理念。我们一定能找到比完全以赢利为基础的国民生产总值更好的评估标准。1968年，美国总统约翰·肯尼迪发表演讲时说："这个国民生产总值不包括我们孩子的健康、他们教育的质量和游戏的快乐。它不包括我们诗歌的美丽、我们婚姻的坚强和我们公众辩论中的智慧和我们官员的正直。它不包括我们的机智和勇气，不包括我们的智慧和学问，不包括我们的同情心，不包括我们对国家的热爱。总之，它衡量一切，却把那些令人生有价值的东西排除在外。"

现在开始建设一个更为人性化的世界为时不晚。哈佛经济学家、哲学家阿玛蒂亚·森认为在资本主义经济中每家公司的行动都应该提高人民的安乐。我很赞同，并建议每个村庄、每个社区及每个国家都应制定出独一无二的人民需求列表。这将对城市居民亲身体会回归充满喜乐乡村的智慧最有帮助。

不丹发布的国民幸福指数

四大支柱：

1. 可持续的、平等的社会经济发展；
2. 环境保护；
3. 文化保护与推广；
4. 良好治理。

九大领域：

1. 心理安乐；
2. 健康；
3. 时间的使用；
4. 教育；
5. 文化的多元与复原力；
6. 良好治理；
7. 社区活力；
8. 生态的多元与复原力；
9. 生活水平。

联合国开发计划署发布的人类发展指数

1. 健康——长寿而健康的生命；
2. 教育——知识丰富；
3. 收入——具有良好的生活水平。

经济合作与发展组织编制的“更好生活指数”

本指数评估国民生产总值以外12个有关安乐的特别领域。

1. 住房：住房条件与房地产价格；

2. 收入：家庭收入与经济财富；

3. 工作：薪酬、工作稳定性与失业；

4. 社区：社会支持网络质量；

5. 教育：教育与所学；

6. 环境：环境质量；

7. 治理：公民对政府事务的参与；

8. 健康；

9. 生活满意度：幸福水平；

10. 治安：谋杀与侵害发生率；

11. 工作－生活平衡；

12. 平等：男女收入平权。

四、公益资本主义

资本主义本身并没有问题。作为一种体制，同以前其他体制相比，资本主义在过去200年人类发展中使最多数人获得了最多利益。但是对于大多数人而言，资本主义帮助不大。

——桥水基金创始人瑞·达利欧

（一）尖锐反思

我在前面所讲的经济必须服务于文化是对我们都向往在大城市致富的尖锐反思。中产阶级正在太多国家萎缩。技术因导致工作越来越多地从熟练工匠转移到可更好更快工作的数码机器而受到质疑。全球化也被视为经济衰退的原因之一。对我而言，我们已经在事实上失去了对社会大众价值创造最大化的追求。相反，我们已陷入劫贫济富的怪圈，社会顶层的少数人赚得盆满钵满，社会大众则自求多福。

我并非敲响资本主义缺陷警钟的唯一人士。当瑞·达利欧说资本主义不再有效的时候，他进一步阐明资本主义的问题是存在一种与其密不可分的意识形态，即对局限性、变态性制约和平衡的执迷不悟。我同意他的观点，但要加上一点，即他所提到的制约与平衡应该努力打造出一个能使所有人而非社会顶层少数人的生活变得更美好的体制。这是资本主义的主要症结，即那些含着金汤匙出生的人更可能成功，因为他们获得了更好的教育、教养、人脉和关系以及社会对有教养且行为得体的偏好；但对于出生于贫寒之家的孩子来说，家中一贫如洗，资本主义更为他们设置了太多的阻碍。这太不公平了。另外，资本主义按现在方式存在的话，并没有为其赖以生存但经常损毁与耗尽的自然资源埋单。

追逐利润是资本主义理所应当的目标。那些生意做得好的人理应得到回报，其他为生意成功做出贡献的人也应该得到合理的回报。这不仅包括公司雇员而且包括纳税人以及提供确保资本主义机器平稳运转的基础设施的其他社区利益攸关者。位于 1% 的社会顶层以下的是普通大众，如果他们得到合理的酬劳，结果将是经济欣欣向荣、文化生机勃勃。

在接下来的段落里，我将描述我们如何为资本主义重新定位，以便社区大多数人享受普惠安乐，而位于社会顶层的人也可以享受他们的财富。我们不应该反对富有，我们应该反对贫穷。

（二）资本主义的纰漏

资本主义的使命就是通过帮助社区生产价值而使人民富裕。如果单按国民生产总值测算，资本主义已持续产生健康的回报。资本主义主要利用了利己主义的市场力量以及分配权钱的竞争，但它很少考虑影响。这是一个基本的纰漏，资本主义不应该只关注金钱，而应关注满足人们当前及未来的需求。满足人们当前及未来的需求应优先于利润，这才是重中之重。

许多国家遵从亚当 · 斯密的利润驱动资本主义的原则。可以说，资本主义已被证明比历史上其他任何体制创造出更多的财富，但它让市场力量决定谁得到多少钱及多少权的形式，使其很少关心它对社会或环境的影响。

这种对金钱与权力的执着是资本主义的基本错漏。任何社会都不应该只关注金钱。重中之重应该是人民的长期安乐，这应该是排在利润之前的。

我不是经济学家，但是作为一名地区企业家，我相信商业是资本主义经济中创造财富的发动机，这很好。我也知道商业逐利时不会在意他们的投资是否会使他人受益，这就不好了。当世界贫困的时候，这一缺陷基本不会被注意。资本主义要避免靠拆东墙补西墙的方式解决这一问题。但现今世界变得小多了，也更加相互依存了，无限制的资本主义被证明无法灵活应对快速增长的挑战，比如收入差距过大、环境破坏和气候变化。这些议题需要战略性的远见思维与合作型解决方案。

（三）资本主义静默的力量

我欣赏资本主义在有利可图革新方面的能力。这种灵活性很方便，我希望资本主义能变得更加人性化。资本主义珍视财产权，创立了货币及兑换率，限制了私人公司的责任，建立了促进货币流通的机构、银行和证券交易所。它有很多优点和与时俱进的惊人适应能力。这就是为什么当我们要戒掉对全能美元之瘾时，资本主义会受到影响但不会崩溃。

> 抓住先机，明确与社区共享利润的价值，以“一个不能少”作为最终目标。
>
> ——中国慈善家卢德之《资本精神》

（四）利用公益资本主义取代利润驱动资本主义

在纯资本主义经济里，政府将其法律、规章和其他干预降到最低，任由自由市场的力量决定成败。但是，不受监管的自由市场可以选择忽视其对社会的影响。商品的过度生产与消费会导致严重的结果，比如空气污染、水污染、全球暖化、酸雨和珍稀物种的消失。

早期资本家的许多利润来自不人道和残酷的行动，比如殖民主义和奴隶贸易，这两者都建立在逐利的基础上且毫不顾及当事人的命运。随着时间的推移，资本主义已经变得很仁慈，第二次世界大战结束以来欧洲、美洲和亚洲的繁荣就是例证。但从 20 世纪 80 年代开始，资本主义又想方设法获得更多利润，而没有帮助社会建设开发任何新服务，也没有实施任何有意义的举措。恶意收购、小零售商互相蚕食及炒作房地产蔚然成风，当事人为害四方但赚得盆满钵满。与此同时，商业开始大量借贷以确保更快增长，导致资本主义经济接二连三地陷入动荡。财政盈余使几大洲的政府头晕目眩，并比以前放松监控。虚假繁荣误导大众寅吃卯粮。这种转变具有深刻的政治影响，金融界被打鸡血到完全忽视人民对安全以及长期经济稳定的基本需求与愿望。

利润不应该成为经济活动的唯一目标，而商业也不应该变得太强大。我经常通过经济必须服务于文化来阐明这一概念，在这概念指引下，人民需要一个为所有人带来繁荣与安乐的经济。但不幸的是，一个逐利的经济很难做到这一点。

亚当·斯密在写《国富论》的时候，这位苏格兰哲学家没有预见到资本主义的黑暗面。他对个人自由的支持以及国家干预的反对给我们提供了一个我称之为“利润驱动的资本主义”。这种资本主义已经变成了财富过剩、不平等以及自私的代名词。我憎恨它，把世界上的许多灾难归咎于它。

基于以上立场，我提出“公益资本主义”的概念，这一体制可以确保将资本主义善于生产的利润进行公平的分配。同一支致力于创造安乐而不是利润的劳动力大军一起，公益资本主义经济具有使每位工人与每位投资人平等受益的潜力，也许有些人比其他人得到的多些，但是每个人都可以得到生存所需。公益资本主义是一个既可以满足社区需求又可以运营一个有利润经济的体制，而且还可以给非营利性组织提供支持，为落后地区提供救命服务。

之所以被称为“公益资本主义”，因为它是民众所需，利益所在。民众希望资本主义在金融方面帮助他们，也希望资本主义不仅使资本家自己的生活变得更好，而且使社会大众每个人的生活变得更好。

公益资本主义不是慈善，而是社会振兴的有力武器，它的宗旨是在使别人受益的时候先要自己好。我在直岛实践公益资本主义获得成功，并将有关经验与卢德之博士进行了分享，他是我在北京遇到的一位慈善家，同时也是一位哲学家，我读过他关于资本主义的书，处处充满智慧，中国和世界都非常值得借鉴。

> 我相信一条慈善的法则，即一个人帮助他人更多，害怕就会更少；帮助弱者更多，自己就会变得更强大；弘扬大爱更多，人生体验就更幸福。
>
> ——中国慈善家卢德之《资本精神》

（五）慈善在公益资本主义里的角色

如果慈善更多地聚焦于提高生活质量而不是投资回报，就能更好地解决问题，但这种情况不可能在将投资回报看成重中之重的逐利资本主义里发生。然而，在公益资本主义经济里，慈善可以逆转重要性，让文化主导经济，并将社会安乐作为其主要目标。

中国慈善家数量急剧增长，像中国这样的国家从他们的慷慨捐赠中受益很多。随着技术的改变以及社交媒体交流模式（尤其是在年轻人当中）兴起等诸多因素的形成，慈善改革水到渠成。

世界慈善潮流已经从一个由组织严密的基金会为核心的天下转变成一个范围更广（包括非营利组织、有限责任公司、小型家族基金会、众筹等各类主体）的去中心化网络。为了让资金从营利部门到非营利部门流动更容易，有关法律与规定正不停地被起草与修订。政府不可能做完所有工作，所以捐赠人与非营利组织等开始搭建公私伙伴关系作为有效措施，因为它将私营部门的灵活与公共部门的广度进行了完美结合。

千禧一代同样比他们的前辈更乐于在国际化、社会化、开放性的场域参与慈善活动。他们更可能接受公益资本主义，因为复杂的问题需要综合手段才能加以解决。

（六）公益资本主义是如何运转的

政府鼓励公司向非营利组织捐赠，公益资本主义就可以运转了。企业支持非营利项目的传统方式是可以抵税的现金捐赠。另一种是股权捐赠。这种形式的捐赠比较少见，虽然对捐赠双方都有利，但并不能保证每次都能免税。我鼓励企业通过这两种方式之一分享其利润，也敦促政府允许现金或股权两种捐赠形式都能享受免税。

但是公益资本主义不只关于金钱，它需要正确的人、严苛的标准、长期的承诺和榜样性的领导。他们既可以将权责分配给下属，也可以明智地进行合作。

在一个以公益资本主义为基础的假定环境里，公司或个人跟我在直岛所做的一样，通过建立并划拨资金给非营利组织，比如基金会或慈善信托（法律依国家而不同），来达到社区安乐的目标。

非营利组织接下来可以向企业申请一笔资金用以支持它们开展一年或多年的项目，这种机制的缺点是当经费用完之后，非营利组织必须请求企业重新拨款，或找到其他资金来源。我不喜欢这种现金捐赠方式，因为这一流程使得非营利组织担心能否持续运营且是否需要不断调整现有项目。我在直岛所尝试的可能是一种更好的模式，即给新建立的非营利组织捐赠公司股份。

通过年度分红足以支付其全部或部分的预算。这就避免了非营利组织通过冗长经费申请程序获得年度补给的弊端，并且给予了非营利组织有效运营所需的可持续发展保证。

当我与家人创立与家族同名的基金会（福武财团）的时候，我们给该基金会捐赠了足够多的个人股份，相当于 6% 的倍乐生股权。我们认为这将确保该基金会的可持续发展。这 6% 的股权多到足以让该基金会在我公司董事会获得 1 个席位。福武财团所拥有的我公司股份以留本捐赠形式每年分红。这种稳定的关系也意味着“倍乐生艺术场直岛”不必每年向其盈利的母公司寻求新的捐赠。

> 繁荣并不是依靠集中在少数人手中的财富，而是依靠成百万上千万美国劳动大军与中产阶级所释放的经济力量。
>
> ——美国总统富兰克林·罗斯福

（七）资本主义与公益资本主义经济

公益资本主义有一套超越利益得失的逻辑。这涉及人之所以为人的核心要素。公益资本主义经济与单纯为了挣钱的资本主义经济截然不同，因为它有灵魂与良知。我们不需要一个为了挣更多钱而将自然资源作为燃料消耗殆尽的贪婪经济。我们不能继续在贪婪的祭坛上牺牲我们的空气、水以及整体生活质量。我们也不能让逐利的瘾使自己对不处于金融梯队顶端公民伙伴的痛苦视而不见。对此我见得太多了。经济绝不能支配人民的需求。相反，公益资本主义中的公司应该对其利润具有长远的规划，并认识到通过支持社会安乐，与社会分享其财富，非常符合其经济利益。

公益资本主义是我所知道的最好的，也许是唯一可持续、可复制、可解决问题的经济理论。如果世界能推行公益资本主义，逐利资本主义所带来的分配不公等困扰将迎刃而解，我们的生活也会更好，这是一个可以实现的梦想。

Chaptor 03 | 第三章

直岛模式的要诀

一、大自然是最好的老师

目前世界上多数人都生活在城市中，每天都还有更多的人往城市里搬。我想改变这一现状，这样即便生活在城市里的人也能体验到大自然中无与伦比的快乐，而在农村长大的年轻人能意识到农村生活的美妙，放弃在大城市里生活的计划。

（一）接近大自然

1986 年，我生活在东京，我的生活充满紧张与压力，但我认为这是生活在令人兴奋、声色犬马的大都市所必须付出的代价。

父亲的突然离世，让我不得不接管冈山老家的出版公司。起初，离开东京令我感到无聊，为了打发不在东京的单调生活，我买了一艘游艇，开始造访拥有日本第一座国家公园的濑户内海岛屿。这是我自我迭代的开端。

这些岛屿，尤其是直岛，静美从容的生活与我一直以来在东京体验的狂热但完全虚假的生活形成了鲜明的对比。我开始意识到每次访问直岛，我都有一种逃离牢笼的自由感。我的压力都消失了。但即便在那种情况下，我还是没有弄明白为何身处自然之中能让我重获童稚之心。

当我注意到直岛居民是我所遇到过的最幸福的人时，感到非常奇怪，因为他们完全生活在东京最看重的主流娱乐、新闻及信息之外。我问自己：“是什么让他们如此快乐呢？”

后来我明白了，经常接触到清新的空气、树木、鲜花与其他植物让岛民们懂得欣赏大自然，同你死我活的虚假城市生活相比，他们更喜欢生活在处于自然之中的乡村。目前世界上多数人都生活在城市之中，每天还有更多的人往城市里搬。我想改变这一现状，这样即便生活在城里的人也能体验到大自然中无与伦比的快乐，而在农村长大的年轻人能放弃生活在大城市的计划并意识到农村生活的美妙。

有一天，在冈山附近海域开船的时候，我顿悟到了生命奇妙的活力。我当时航行得很平稳，但由于一个低气压锋面来袭，我的船突然剧烈摇摆，变成了波涛中的一叶孤舟，我一下子惊呆了，根本没有任何思想准备，开始的时候我完全没有注意到这隐形锋面，但我马上反应过来。然而我逃生的努力在风暴面前显得那么孱弱无力。一次次的失败更让我觉得自己微不足道。

当时狂风怒吼，波涛汹涌，我的船随时都会被掀翻，我眼前只能看到骇人的狂野自然。我一下对大自然的能量与伟力充满无限敬畏，我从没有如此清醒地意识到活着的感觉。是的，那天我最后脱险登岸。但那次是我 70 多岁生命里离自然最近的一次，也是我如今尽可能享受生活的原因。大自然是我最好的老师。

（二）选择自然的路径

后来在修建“倍乐生艺术场直岛”项目的时候，我想起了当时顿悟的心得，所以开始跟建筑师们尤其是安藤忠雄一起设计了我们所建造的艺术博物馆外面穿过自然的小路。我非常希望能让访客都感觉到我在直岛感受到的天人合一。丰岛“心跳声的档案馆”位于一条穿过森林的砾石车道的尽头。通往李禹焕美术馆的步行道穿过一片草地与用混凝土建造的走廊。

由于直岛与其他海岛都不在拥挤的城市地区，我们拥有将博物馆修建在自然之茧里的奢侈。在丰岛“心跳声的档案馆”前，我铺设了一条穿过树林走廊的砾石车道；我们把李禹焕美术馆的入口设计在了一条穿过分布有雕塑点缀草坪的小径尽头；在丰岛美术馆，我与建筑师西泽立卫合作，铺设了一条穿过密林可以眺望海景的混凝土步行道，一直通到美术馆入口。每处设计各具特色，但都具有共同的特点，即将访客从喧哗的外部工业化、城市化世界带入博物馆内更加沉静、更加内省的当代艺术世界。

我特别喜爱直岛的地中美术馆，在那里访客们沿着一条紧

“心跳声的档案馆”（摄影：久家靖秀）

克里斯蒂安·波尔坦斯基设计的“心跳声的档案馆”坐落于一条树林间砾石小道的尽头。

李禹焕美术馆（摄影：山本纠）

室外作品陈设在通往美术馆的草地和砾石道上。

丰岛美术馆（摄影：森川升）
坐落于碧海蓝天和梯田绿地间的丰岛美术馆。

通向地中美术馆小径旁的睡莲池塘（摄影：韩德生）

挨着布满野花与睡莲狭长池塘的园艺通道来到博物馆。池塘为参观美术馆里收藏的5幅莫奈所画的《睡莲》做了最好的准备。它们被悬挂在一个白色围墙的大型地下展厅，只靠屋顶的天光照明。许多参观过巴黎橘园美术馆几幅莫奈《睡莲》的游客都觉得直岛的5幅画作更震撼心灵。两处陈列非常相似，莫奈的画均被放置在头顶配有非直射光源的大型白色展厅里。我怀疑有人更喜欢地中美术馆的原因是直岛的自然环境比位于巴黎协和广场繁忙交通枢纽的橘园美术馆更能让人在冥想中融入莫奈的艺术。

由于达到了完美的天人合一，我对“倍乐生艺术场直岛”总是魂牵梦萦。如果有人问我，直岛或者我的公司，哪个对于我更重要，我想说，两者都是我的挚爱，但公司不是永恒的，而直岛的艺术博物馆要延续几百年。直岛是我的杰作，也是我的家园，我相信它在简约与自然的融合以及给参观者传递喜乐感等方面的成就在世界上是无与伦比的。

（三）与自然和谐相处

人类总是与自然进行斗争。我们赢得了某些胜利，我们已经消灭了天花等疾病，治理了大江大河使其不再泛滥而为人民发电，利用钢筋水泥修建了服务于我们短期利益而不顾明天死活的摩天大厦。我们也输掉了某些斗争，甚至有些是我们开始时以为获胜的斗争。我们造成了食物链里大批动物灭绝或濒临灭绝，虽然开始时是为了消除对我们安全的威胁，但现在我们才明白出于其他原因，我们多么需要它们。过不了多久，海里的塑料将要比鱼还多。我们在农耕中使用化肥与杀虫剂以增加产量，但过量化学品经常渗入土壤中，反过来威胁我们的食品安全。我们不停地担心新病毒的出现，但考虑过我们用来治愈了无数感冒的药品有一天会催生出将全人类都杀死的超级抗药病毒吗？这种进步真是我们所希望的吗？

这里学到的教训是，当我们与自然斗争的时候，自然胜。我们需要自然多过自然需要我们。因此更好的解决办法是通过了解自然之道与自然和谐相处，因势利导，使其为我所用。这就需要只有通过研究与时间才能获得的知识与技能。这也就是为什么我强调自然是我们最好的老师。

自从穴居时代，我们就开始利用自然提高生存机会。我们总以为自然资源取之不尽，使用起来毫无节制。当人口不多时，还可以，但在太长时间里，我们一直秉持着一个错误观点，即我们越利用自然，对自身越有利。但时过境迁，由于以往我们无所顾忌地剥削自然，致使当今世界处于巨大危机之中。我们把海洋当成了没有盖子的下水道。

我们把污染物随意排放到大气中。气候变化使得各种问题变得更糟，逐利就是自杀。什么时候我们才能意识到保护自然对于我们的生存及生活质量至关重要？

（四）自然教授可持续发展之道

自然教导我们，只有探索可持续发展之道，社区的长期战略利益才会得到最大保障。管理好环境，从而使自然资源足以满足我们自己及子孙后代的需要。

我们不能继续欺骗自己，相信衡量进步的唯一标准是看我们产出多少，我们受益多少，或我们消费多少。与自然和谐相处意味着我们的行为既要对环境友好，又要在经济上可行，最重要的是我们需要树立为大众谋福利的道德价值观，不能只为少数人，还要通过保护与复原来平衡对大自然的剥削。我们的思维需要改变！正如最近一位中国慈善家跟我解释的:“我年轻的时候，只想住大房子，开大汽车，尽情吃肉。现在我上年纪了，我只想住公寓，骑自行车，吃土产蔬菜。”

我们不必为了更多的舒适而制造更多污染。我们不需要对因气候变化而遭受的社会不公、饥饿、贫穷、居无定所、疾病及其他因经济过度发展而带来的弊端逆来顺受。采取这些行动，我们就可以树立起一种更高级的保护自然的价值观，非常简单，因为这是对于我们自己和子孙后代都正确的选择。这处在马斯洛需求层次的最高层，即每个人在使他人受益时完成自我超越。这是人类成就的顶峰，也是我们与自然世界及社会大众相处之道的精髓。

（五）让自然主导

自然的力量有阴有阳，阴者柔软、有灵性、令人舒适，给人启迪，阳者就是我们所见的太阳、水和风中的原始动力。如果我们友好地对待自然，可以利用其资源而不使其枯竭：阳光可以照亮并温暖黑暗寒室；风可以消除夏日暑热，吹送帆船横渡大洋；水可以反射、补给、运载与滋养万物。

这些自然之力不仅可以自给自足，还可以被用来将年久失修、本为他用的老建筑转化为提振所有来访者精神的当代艺术鲜活有机体。

建筑师三分一博志多年潜心研究废旧炼铜厂，找到如何将自然之力为其所用。当今最好的建筑师都知道如何将自然之力融入他们的设计中。废旧炼铜厂里的空气可以实现无电对流：夏天，一个地下名为“大地画廊”的凉爽展厅可以将冷风吹送到整个博物馆的各个房间；冬天，博物馆又可以被一个名为“太阳画廊”的空间供暖，那里的玻璃屋顶可以通过捕捉足够的热空气，温暖整个建筑。对于建筑材料，三分一博志大多选用从该废旧工厂回收再利用的一百多年前的副产品。在工厂里，他利用一个几世纪前炼铜过程中遗留下来的矿渣砖修建墙壁与地面。他还利用一根30米高的原工厂烟囱作为空气流动的天然通道。三分一博志以自然为师的精神在他设计博物馆水处理系统中展现得淋漓尽致，他净化厕所用水，来灌溉工厂外一小片果树林。

（六）自然教授创新

解决全球挑战的措施就在我们身边。向自然学习，一边学习，一边运用到解决问题的创新方案中。仿生学是将自然作为应对现代挑战措施的创新领域。比如，高铁发源于日本，现在已经遍布中国以及其他有远见的国家。当年设计新干线子弹头列车的时候，一位工程师也是一位专业观鸟爱好者，他模仿翠鸟从空中冲入水中溅起很小水花的能力，为火车设计了细长的车头，生产出来的火车更安静，也更节省燃料。津巴布韦的一座建筑受到白蚁穴墩内部构造的启发，安装了一套气候控制系统，结果节能90% 以上。人们受蚊子无痛穿破人体皮肤能力的启发，使用纳米技术研制成了皮下注射器针头。

自然教导我们万事万物都存在相互联系。我们的空气、水、光、土壤、食物与能源系统就像一个有机体一样自我维持、再生与循环。改变其中之一就会改变其他所有。因此解决与自然相关的问题，我们必须采用自然解决问题的方式：通盘解决。

创新且有效地利用自然确实使人们关注到工业化危害。更重要的是，它教会我们如何利用自然应对那些危害。绿色设计、可持续发展、有效利用自然资源以及一套高效清洁、可再生、绿色生产系统只是任由我们使用的部分工具。

现在，了解自然世界的重要性与脆弱性变得非常紧迫。如果我们天然林、海洋与淡水的健康面临危险，我们人类赖以生存的一切都将面临危险。如果我们继续大规模破坏环境，我们人类自身的灭亡也就为期不远了。换种说法：保护自然也是人类自身作为物种得以延续与兴旺的最佳保障。

二、艺术的转化与赋能

艺术是精神直接交流的工具，它有转化与振兴整个社区的力量。

（一）第一根支柱

我在直岛发起的项目是一种以当代艺术作为武器、针对过度城市化和现代化的反抗。我选择当代艺术是因为它的无畏以及它具有开启人们心灵的力量。出于这个原因，当代艺术成为我在日本取得海岛振兴成功的直岛模式所依靠的第一根支柱。

我们还发现当代艺术甚至还能在意想不到的地方催生爱的萌芽。在过去 30 年里，我见证了直岛人民如何享受生活以及彼此更加相爱。即便如此，当我听说一位岛外的年轻女孩与一位 74 岁的直岛长者相爱的故事，还是惊叹不已。他们因为艺术而结缘，直岛令人无法抗拒的迷人生活使她不断来岛上与他相会。

（二）艺术是具有奇效的良药

我们刚刚开启直岛艺术项目的时候，一些来自日本与其他国家的当代艺术家就来岛上访问。他们不断来访，有些艺术家住在岛上进行数个月的创作。岛民们热情地欢迎他们，有时还邀请他们到家中做客。在逐渐了解艺术家及其作品的过程中，岛民们对这些艺术家及其作品的历史、个性与故事了如指掌。当他们与岛外访客分享这些信息的时候，会惊奇地看到访客们对岛民们渊博知识的赞佩之情。这又使得岛民对这些艺术家及其作品的知识更加自信。这种自豪感对他们非常有益，是给他们最好的良药。

（三）艺术的转化

艺术使人们觉醒，它使我们思考并开启我们的心灵，它有超乎寻常的交流力量，即便老人也容易受到它的力量的感染，它能深入到潜意识。想象没有对错之分，只有想得到和想不到之分。这就是为什么艺术可引起众多观众的共鸣，并通过各种阐释引发兴奋。

我父亲是一位艺术收藏家，他认识到艺术具启迪心灵、振奋精神的作用。他最喜欢的艺术家之一是经常通过艺术作品传达强烈政治意涵的国吉康雄。从国吉康雄身上，我体会到当代艺术不应该是特权阶层所专有的，它能在不涉及金钱的情况下使你更充实，并承载非物质价值。我逐渐明白了艺术是如何拓展人们对新事物认识的。我也越来越坚信艺术应该触发共鸣与激情，所以我聚焦于艺术的体验，而不是简单的艺术欣赏。这一点改变了我的生命。

在直岛，我们创新展示方式，实现了对一些最著名艺术品的转化。我们都对只能在富人家中或在密集城区拥挤不堪的博物馆中看到世界级艺术品印象深刻。艺术不属于封闭的人工环境，而属于自然，因此我们将世界级艺术品放置在直岛的山顶、海滩、空地、废屋与地下，在那里艺术品可以在变幻莫测的自然光中得到最好的呈现。我们把当代艺术带到千疮百孔、人丁稀少的濑户内海海岛后，当地岛民重获自豪与自信。接下来，随着艺术项目的推进，我们看到城市里的年轻人也来到这里做小生意，美化村庄，把这里变成了城里人可以享受的地方。

我是当代艺术的痴迷者。当代艺术通常泛指仍在世艺术家的作品或近几十年创作出来的艺术作品，但它还有更深层次、更为重要的意涵，即当代艺术阐释当今世界。当代艺术可以聚焦问题，激发不论来自城市还是农村各文化背景的人，去寻求解决之道。放置在自然中的当代艺术作品可以超越单纯审美，激发共鸣与激情，可以发人深思，改变人们对世界以及自身生活的看法。

（四）艺术是没有教义的宗教

我喜欢具有强烈意涵的艺术，比如，毕加索的《格尔尼卡》。我相信只要意涵足够强烈，艺术将有助于社区的自我定位并按其价值观生活。

“倍乐生艺术场直岛”项目位于直岛、犬岛和丰岛 3 座岛屿，每座岛上我都修建了一座旗舰博物馆：直岛的地中美术馆、犬岛的精炼所美术馆、丰岛的丰岛美术馆。就像西方文化里具有社区整合力量的教堂一样，我希望这 3 座艺术博物馆所传达的信息能够成为整合遭受重创的海岛社区的力量。

对我而言，直岛地中美术馆就像一座没有教义的教堂，置身其中我不可能没有灵魂的震撼，它陈列了 3 位艺术家的作品：莫奈的 5 幅《睡莲》占据了地中美术馆的中心展区；詹姆斯·特瑞尔的光线作品在其左，瓦尔特·德·玛利亚的雕塑杰作《时间·永恒·转瞬》在其右。所有这些展示只用天光照明，给人的感觉就像进入了一座教堂，莫奈坐于神坛中央，护法特瑞尔和玛利亚分居左右。对于他们作品的普世性、革命性以及对世界的觉悟，我深感赞叹。如果你想成为艺术家，必须有悟性，如果你想成为当代艺术家，你必须还有革命性。

由于丰岛的名字就是“水量丰沛之岛”，所以我们选择以水为主题修建了雨滴形状的丰岛美术馆。结果我们就有了一个足球场大小、针对水的冥想之地。许多人把那里视为象征生命轮回且获得极度安乐的精神家园。

我的第三个精神寄托也是我最为自豪的成果之一，就是建筑师三分一博志复兴犬岛炼铜厂的项目。这座工厂现今是一座展示奇妙艺术作品的博物馆，也是如何将废弃百年老建筑转变成艺术博物馆的典型案例。由于不排斥创新，三分一博志设计与建造的博物馆，虽然位置偏僻，但如今每年吸引成千上万的访客前来参观。

犬岛精炼所美术馆之《英雄干电池 / 伊卡洛斯・塔》（时间：2008 年；艺术设计：柳幸典；摄影：阿野太一）

《英雄干电池 / 太阳岩石》（时间：2008 年；艺术设计：柳幸典；摄影：阿野太一）

（五）艺术是非正统的

我们在直岛的艺术项目往往与常理相悖。我总是希望使艺术一词跳出“新”和“鲜”的单维度含义，开拓为通过展现既有事物创造出新生事物。虽然常规思维让我不要这么做，但我还是组建了一支由艺术家、建筑师、官员和当地居民组成的神奇团队。结果“倍乐生艺术场直岛”的一切都是非正统的。陈列在直岛倍乐生之家的《100 生与死》由布鲁斯・瑙曼设计，由 100 块一亮一灭的霓虹灯叠加而成，每块霓虹灯显示一个催人奋进或令人沮丧的形容词，这些对生命截然相反、发人深省的界定有时会使观众泪流满面。

布鲁斯·瑙曼的《100生与死》完全反正统。

在任何艺术振兴乡村的地方，我都主张聚焦于那些通过某种非正统方式提高人们安乐的艺术作品。我可能采用依靠自然光线及减少能源消耗的极简抽象艺术家们的理念，也可能采用像蔡国强这样推崇风水与岩石的风水派艺术家的理念。

> 文化是一个国家、一个民族的灵魂。文化兴国运兴，文化强民族强。没有高度的文化自信，没有文化的繁荣兴盛，就没有中华民族伟大复兴。
>
> ——中国国家主席习近平

蔡国强的《文化大混浴》坐落于直岛的一个谷底，风从山巅经过这里吹向濑户内海，在这里山风略过竖立着十余块中国太湖石天然雕塑群的草坪，这些岩石像哨兵一样矗立在位于草坪中央的涡旋式热水浴缸周围。

蔡国强在直岛的艺术作品由中国太湖石天然雕塑群组成。

我们需要竭尽所能，促进民心跨越文化藩篱相连相通。我坚信，如果人们思想开放，思维就可以发展，就可以知行合一地建设一个更进步的世界。我希望更多人能够体验这种转化。

艺术是一种可以直击人心灵的工具，具有转化与振兴所有社区的力量。

完全反正统的《100 生与死》（时间：2019 年；艺术设计：布鲁斯·瑙曼；供图：纽约艺术家权益协会；摄影：宫泽正明）

中国太湖石森立的《文化大混浴：为直岛创作的艺术作品》（艺术设计：蔡国强；摄影：藤塚光政）

三、建筑塑造体验

> 艺术与建筑的结合产生出一种理解生命意义并最终找到幸福真谛的巨大力量。

（一）第二根支柱

建筑是我所创造的直岛模式的第二根支柱，我们通过帮助这座贫困海岛居民整饬环境，以艺术与建筑为手段，使当地居民过上了更好的生活。这种转变令人震惊。

（二）高于陈列的目标

就像我相信艺术可以转化与赋能观众一样，我也相信建筑是打通艺术与观众隔阂的物质与抽象桥梁。我相信艺术与建筑的结合产生出一种理解生命意义并最终找到幸福真谛的巨大力量。

这与建筑的传统角色截然不同。比如，最初的博物馆主要围绕如何在同一空间尽可能多地陈列艺术作品而设计。巴黎的画廊从地面到天花板挂满了艺术品。艺术通常以密集对称的形式进行展示，以便观众更好地对比风格。后来，英国的白立方画廊出现了。这些画廊光线明亮、场地宽敞，作品都陈列在人眼的高度，每个作品都有呼吸的空间，作品之间用条状空墙隔开，空墙一般采用白色，这样不会分散观众注意力。建筑的职责就是把散焦与干扰降到最低限度，而从未被期望能与观众产生互动。在我眼中，建筑不限于此，它的功能不仅可以陈列，也可以设置场景。

（三）外部惊鸿一瞥

建筑具有在人们进入它之前就与人们进行交流的力量。

建筑的形状、颜色、质地与其他特征会影响人们观赏建筑内部所陈列艺术作品的情绪。比如，像我们在直岛建造的艺术博物馆，就最适合陈列深沉、柔和及精神层面的作品，因为它们的陈列室本身都深度融合于静谧冥想的自然之中。到那里的参观者都期望获得一种禅修式的体验。同样的艺术作品被放置在地面以上的白立方画廊之中，激发出来的观感将有天壤之别。

（四）内部细节为王

艺术不是为了靠墙放置才被创作出来的。为了让艺术产生真正的影响力，就必须被精心安放。艺术作品与其周围环境也要像手与手套一样相得益彰。艺术作品周围墙的形状与颜色对于其鉴赏至关重要。例如，若将一大件雕塑放在一间太小或太拥挤的房间里，什么效果就都没有了。即便是一件经典杰作，如果将它与其他艺术作品放置在同一空间里，它的魅力也无法完全体现出来。当艺术作品与周围环境相配时，最具感染力。艺术作品或者主导空间或者被空间湮没。

我的经验是，如果一件当代艺术作品被放置在一个专门为它准备的空间里，它的效力才可以被极大地释放出来。如果设计能融入风、光与水的自然特质，艺术作品的效果可以得到更好的呈现。但只有将艺术与空间相辅相成完美结合，艺术作品的效果才能体现出来。

（五）与灵魂对话的建筑

我越来越欣赏，精心设计的陈列区是如何使艺术作品通过好像相互矛盾的方式被体验的：可见的与不可见的方式相结合，抽象的与具象的方式相搭配，普世的与个人的方式相衔接。这是艺术的魔力。我们已经看到建筑会如何减弱或增强对艺术的体验，也看到，如果能恰到好处地呈现，艺术会具有改变我们生命体验的力量。

（六）获取或定制艺术品

可以先获得艺术品，再为它修建陈列空间，也可以先定制艺术品，再专门为它独家修建一个建筑。这两种方式在地中美术馆的修建中都得到了应用。

地中，即地下的意思，建筑师安藤忠雄的设计就是从构思一系列由地下到地上展厅开始的。每个展厅只呈现一位艺术家的作品。

我们决定在地中美术馆核心展区为莫奈《池塘·睡莲》系列的5幅《睡莲》修建展厅。我花了22年才收集齐这些杰作，它们创作于莫奈晚年，具有同时存在于过往与当下的神秘力量。正如我常说的，对我而言，它们代表着生活在自然中人类的精神与智慧。这是因为在我眼中莫奈不只是一位杰出的印象派画家，他晚年作品值得从当代艺术角度进行欣赏。在艺术界认可无具象主体艺术价值之前，《睡莲》系列就很抽象了，超越时空，永葆清新。

地中美术馆（摄影：大泽诚一）

地中意指地下，建筑师安藤忠雄从构画一系列地下展室开始，从下往上，由内及外，一步步完成整体设计。每间展室仅陈列一位艺术家作品。

安藤忠雄花了许多时间与艺术家瓦尔特·德·玛利亚及詹姆斯·特瑞尔交谈，因为我想把他们的作品分别单独放置在莫奈作品旁边的展厅里。为了最大限度地增加视觉冲击力，安藤把德·玛利亚的《时间·永恒·转瞬》和詹姆斯·特瑞尔的作品《投影：浅蓝》

与《开放的天空》放置于具有墙面、地面与带天窗天花板的大型地下展厅。结果是这样一个物理结构使观众不仅观看艺术作品，而且体验艺术作品。

与此同时，安藤跟我讨论如何以某种方式将3位艺术家的展厅联系在一起。我头脑中开始出现3位艺术家会面的画面，想象两位在世的艺术家将分别落座于他们所敬仰的前辈两边，因此我建议将3位艺术家的展厅像天主教大教堂一样排列，中央是盛大的神坛，两边是圣徒。由于安藤与德·玛利亚和特瑞尔的深入探讨以及他对于莫奈作品的领会，他的设计设法将建筑与其内部一切有机融为一个既具有吸引力又具有意涵的整体。

（七）单一有机体

安藤与艺术家们希望建造一个超越单一含义的博物馆，在这里，自然力量，比如太阳移动造成的自然光线的细微变化，使得观赏艺术变成如同观看自然界生猛动物一样的体验。这是一种革命性的思想，重新定义了艺术博物馆的形态与功能。博物馆一下变成了体验艺术并随时随刻变化且几乎具有生命的艺术互动场所。这样整个艺术博物馆可以被看成一个相互融合的有机体。

通过建筑与艺术的和谐共生，建筑设计师可以确保艺术家的信息更强烈地传递给观众。艺术与建筑达到完整统一。我决心保证这些博物馆及其陈列的展品存续300年不变。

（八）精心策划

振兴一个村庄要花很多时间，要先找到具有创新精神的建筑设计师，然后由建筑师同具有艺术创作理念的艺术家、参与建设的工匠以及留守博物馆周围社区的居民进行深度沟通，这都需要时间。

我们生活在一个新时代，建筑可以通过给其内部艺术作品提供自我表现的充裕空间以使其信息得以传达，实现建筑对艺术作品的衬托与增强。不论像法国建筑师保罗·安德鲁设计的霸气外露的建筑，还是日本建筑师安藤忠雄设计的精妙细腻的建筑，其外观与感受都应该能激发其内在艺术作品传达艺术家意愿的信心。

这需要时间与想象力。没有使用钢筋、水泥和玻璃等建造材料，强大的建筑位置感促使三分一博志将一片废墟转变成了靠对流风运转的艺术博物馆。这是在乡村地区，尤其仍有老建筑存在的乡村地区因地制宜的又一典范案例。

精炼所美术馆表明，如果运用既有的创造新生的，一片废墟也可以圆一个建筑师的梦。

犬岛精炼所美术馆（摄影：阿野太一）

如果“利用既有的创造新生的”，废墟也可以圆建筑师之梦，精炼所即是明证。

（九）艺术之家

依照这一基本哲学原则，我相信工厂废墟年久失修或废弃的老屋都是有待发掘的瑰宝，都可以在具有想象力的建筑师手中获得新生。我们不应该让它们的外在衰败遮蔽了其内在魅力。实际上，它们褪色的雅致正是过往留给当下最好的馈赠。我们祖先修建了它们，岁月侵蚀了它们，我们继承了它们。它们是我们过往历史与文化的反映。我们非常有幸能够重新点燃它们保持多年不灭的生命火种。

技术简单直接，即保留建筑骨架，修复必要部分，并在间隙处加上点睛的艺术作品，这也是明确表达对过往的尊重。尽可能多地保留原初的梁柱、地面、墙壁与檐顶，清除尘垢，替换任何无法修复的构件。如果老屋所剩无几，那就得推倒重建。这些都需要建筑设计师敏锐的时空感。

家艺术项目“南寺”（建筑设计：安藤忠雄；摄影：铃木研一）

南寺选用了当地建筑使用了几个世纪的碳化杉木作为建材。

家艺术项目“南寺”就是最好的例证。在原有建筑不复存在的情况下，建筑设计师安藤忠雄从零开始，重新设计并建造。他从京都聘请了一位擅长修建神社的知名工匠与他紧密合作。他们选用了当地建造房屋使用了成百上千年相同质地的碳化雪松，屋檐也与周围房屋一致。当安藤忠雄构画这个建筑结构的时候，美国艺术家詹姆斯·特瑞尔同时忙着给这个建筑内部设计一件几乎看不见的艺术作品。

每座博物馆、每个艺术之家结构与理念各异，这很正常。实际上，独特性更具有感染力。最重要的一点是艺术与建筑相互融合，产生神奇的发人深思的体验与全新视觉感受。

四、以农业为基石

> 我希望由少到多地建成一批乡村振兴的典范，开创出一个造福21世纪的城市化真正替代模式，就像稻米种植掀起的绿色革命造福20世纪一样。

（一）农业是直岛模式的第三根支柱

前面，我论述了艺术与建筑作为我在日本开创的直岛模式的两根支柱。但是近年来，特别是看了中国农村某些最贫困地区后，我的想法发生了改变，因为农业为农村地区提供生存所需食物，生存是马斯洛层次需求理论里最基本的需求，所以农业是任何真正乡村振兴项目的核心要素，因此必须增加为我哲学的第三根支柱。

当艺术与农业结合，奇迹就会发生。如果运用农业呈现，艺术将更具影响力。将当代艺术与农业村庄相结合不但激励农民生产更多粮食，还将吸引艺术家、设计师与其他领域专家来体验乡村生活。这将倒过来促使农民开办饭店、民宿及高质量土特产商店，这样乡村变得更有名，更为人们所了解，实现更加可持续的繁荣。这也使得村民们更加自豪，并帮助他们实现自己的愿望与梦想。

我将这称为新直岛模式。艺术、建筑与农业三者都有单独提升乡村生活的力量。三者交织在一起就成为一件足以改变粮食无法自给自足国家历史大潮的有力武器。幸运的是，有国家注重农业且不能容忍贫穷与饥饿持续。

（二）农业是如何贡献的?

在丰岛美术馆，我们同当地居民密切合作，使美术馆周围的片片稻田得到了复原。丰岛美术馆周边这些复原的稻田为整个山坡平添了清晰的地域特色，这种令人沉静的特色使人在亲眼参观博物馆之前，就能体验到馆内的氛围。

农业有很多其他好处，特别是当农村与生活在周边的消费者之间具有其他媒介之时。一般来讲，这被称为本地农业，其从业者被称为本地工。与之相反的是产业农业，被作为过时且不可持续的系统。产业农业能有效地将食物长途运输到不产粮食的城市，仍主导着很多国家的食物生产。不幸的是，产业农业逐渐摧毁了地球自我持续的能力，而且消耗更多，产出质量更低。本地农业快速发展为一种合情合理、益处众多的产业农业替代品。

食物是人类的必需品，生产食物是农业存在的本质原因，农业减少贫困提高乡村生活质量，可以通过首先确保农村社区的需求得到满足而成为维系整个农村社区的纽带。

农业效率，也就是说用更少的工作量生产出更多的食物。12000年前石器时代最早在居住地周围耕作的农民与居无定所四处捕猎或采集根茎与果实的牧民比起来，益处多多。绿色革命与技术革新使得当今的农业更为有效率。

农业也要教授农民所需数字化技能，以使其与农业科学及数字化革新前沿同步。

农业也给农民提供了学习与使用新技术及新理念的机会。

农业挑战了我们对资源无穷无尽而超级城市可以永远扩张的假设。

农业可以通过只利用可再生资源教导我们可持续发展的真谛。

农村可以通过保护水和土壤、使营养物可再生及保护生物多样性，使我们达到自我可持续。

农业可以完成多重任务，既可美化土地，又可以增产增收；还可以与艺术及建筑结合建构清洁健康的环境。

农业也与艺术相关，两者都会启迪人们转变知识与认识世界的方式，都需要敏锐的审美能力与对高品质生活的鉴赏能力。判断农田是否处于播种与收获的最佳时机需要与绘制杰作相同的艺术感觉：土壤的颜色与气味、谷物的感觉如何、庄稼被风吹动的声音是怎样的、如何通过一颗玉米粒品出其是否成熟、是否应该收割。我们不需要二选一。农业可以提高对艺术的赏鉴。

感谢农业，让我们未来可期。农业兴，则国家兴。但不幸的是，反之亦可能：如果农业不受重视，土地就会衰败，国家也会跟着衰落。但很糟糕，有些国家目前正在忽视这一显而易见的事实。

（三）农业可作为非营利性组织收入的来源之一

对于帮助农村社区脱贫，农业也是非常有价值的资源，可以给需要自给自足的农村社区提供收入。

除了生产食物给当地人食用并销售到城里这样显而易见的服务，农业还可以开发以高品质而为人熟知与推崇的品牌特产。世界上已有很多这样的产品。比如，我家乡冈山知名的冈山蜜桃以及精致美味的桃年糕等桃加工产品。与此类似，牙买加的蓝山咖啡以其高品质享誉日本。偏远的农业社区也应该立志生产出驰名的农业产品。尽管不能保证次次成功，但路径非常清楚，即尽可能地创新与生产最高品质的产品，塑造出吸引人的品牌，进行专业的营销。

正在恢复生机的乡村小企业与非营利组织最适合孵化与推广这些在当地自产自销的高品质产品。这是他们产品研发的第一个阶段，接着一旦获得品质声誉，他们应该将产品直接转卖给本地区以外的消费者。如果去掉中间商，他们可以赚更多钱，当地社区也可以作为充满活力经济的一部分而繁荣起来。依靠这些小企业的收入以及当地居民缴纳的税金，一个社区就可以负担起提高社区每个成员生活质量的账单与投资项目。

（四）数字化农业

全球化与数字化力量正将农业转化成充满创新与机会的令人兴

奋的新领域。新一代农民生产效率突飞猛进，他们使用更少的化肥或黑色塑料遮地膜，相反采用无人机，转而用滴灌，启用大批在非化学条件下提高生产效率的数字化软件（针对收割与病虫害监测）。

依靠汽车、公共汽车、高铁、飞机与5G手机，乡村地区的企业与个人如今可以光速处理信息并自信地决策。甚至偏远的乡村与农庄都可以利用这些基础设施创造出吸引当地年轻人返乡的高科技工作并吸引其他城里人来访。

我希望由少到多地建成一批乡村振兴的典范，开创出一个造福21世纪的城市化真正替代模式，就像稻米种植掀起绿色革命造福20世纪一样。

（五）当心“大”

如同其他产业一样，农业需要严密的监管。为了保护小乡村与农民个人，农业部门需要防止大企业建立起控制一切产销环节的大型农耕联合体，并防止其利用垄断使小型农庄破产。我们必须努力保持农业的趣味性、多元性及去中心化，所以我们一定要避免单纯牟利的农业企业垄断市场。

> 发展的核心问题是应该让年轻人感受到乡村的魅力并愿意返乡以确保农村的活力。
>
> ——中国慈善家卢德之

（六）农业作为一种生活方式

发展中国家食物供给依靠其农业的成功。在过去一个世纪中，农业生产由于化学（如复合肥与杀虫剂）、生物技术（转基因）及农业灌溉（水栽培）等科技的突破而获得迅猛发展。

农业创造的价值在当地经济中不断转移，其消费影响力非常深远。对于奋力振兴的乡村而言，农业不仅是一种工作，更是一种生活方式。以农耕为核心的社区常常世代相传，年复一年，他们既为自己与他人生产食物，也满足了马斯洛提出的自我超越这一人类的最高需求。

（七）强调农耕的尊严与重要性

年轻人离开农村的一个原因是他们感觉城市应有尽有，比如工作机会、服装、音乐与美食等。他们对城市生活的缺点一无所知，因此与接近自然的返乡务农生活相比，更愿意选择具有社会流动性与创造性的城市生活方式。但是尽管乡村生活艰辛，如果能唤醒他们所无法忘怀的乡村的平静、单纯、从容与甜美，结果又会怎样呢？如果能激励自己，乐于在被世界级艺术、鼓舞人心的建筑及全绿色农业所复兴的环境里创业或者生活与工作，结果又会怎样呢？

给年轻人返乡的理由，市场化农耕对他们有吸引力，围绕着他们的技能动脑筋，让他们能吃到安全健康的食品，让他们开办产销一条龙的餐馆，利用当天农贸市场采购的果蔬以及鲜鱼鲜肉烹饪私家菜，再让他们将剩余产品卖到城里去。这样城乡居民的生活质量都会得到极大的提高。

（八）校办农业教育可以开采出幸福的矿山

与此同时，乡村振兴地区的学校应该抓住一切机会开展农业教育。我们必须确保未来农民是一支有知识、有思想、有技能的生产大军。乡村学校可以教授学生种植庄稼与养殖牲畜的传统实操经验，也可以让学生充分利用超高速 5G 数字化设备赋能从无人机空中照相到选种、转栽、收割及其他一切农业生产流程。这些措施可以将农业与对可持续自然生态系统及自然资本概念的深入理解相结合，这对世界自然资源具有不可估量的价值。

有志于乡村振兴的本书读者应该理解教育是父母下决心返乡的决定性因素，他们都想让自己的孩子接受最好的教育，如果不能一下达到这个要求，他们会转身就走，全面振兴的乡村要有令城市羡慕的好学校，从配置最起码的电脑软件及高速上网开始，剩下的就是利用愉悦的农村生活方式吸引到最好的老师。

四处放置当代艺术，利用建筑提升乡村体验，利用专门为提高农村地区庄稼种植与牲畜养殖设计的数字化技术开发出农业收入链条。这就是新直岛模式。

后记　面向未来的愿景

人类渴望自然的生活，当代艺术与给人启发的建筑可以塑造地域特色并使我们找到家园的归属感。

幸福

世上没有对幸福的单一定义。也许在天堂才能找到幸福，但我从未遇到过从天堂回来的人，所以我对幸福的定义就是位于马斯洛需求层次第六层的需求，即当我们基本的经济与心理需求得到满足后，通过帮助社区中的他人使自己也获得喜乐的需求。

每个人都有不同的活法，这亘古未变，幸福似乎遥不可及，世界上有太多痛苦。我选择利用尽可能多的办法减少痛苦，增添幸福，撰写本书也是这种努力之一。

我总认为当今幸福的两大障碍是逐利上瘾与未找到过度城市化替代品。本书鞭笞了这些问题并将其归结为过度痛苦的根源，且提出了一系列解决方案。

前半部分：我们必须戒掉逐利的瘾

本卷前一半描述逐利之瘾对我们世界尤其是大城市的恶劣影

响，那里过度拥挤到快要爆炸，过度发展到好像增长与繁荣的能力永远不会消失。继续不断改善城市地区至关重要，但我提出同时也要珍视我们的乡村，让它们得以振兴，为拥挤的城市创造替代品同样紧迫。

接着本卷转而讨论一个国家经济与文化共存之道。我主张文化更重要，应该主导所有经济计划。我将马斯洛需求层次理论解释为，将生存与安全的需求（经济的两个基本功能）置于社交、尊重及自我实现的需求（文化帮助社区个人满足心理与生理需求的3种方式）之下。我赞佩马斯洛新增的第六层自我超越的需求，即社区的需求比社区任何一名成员的需求都要重要，每个人都要对社区负责。

我讲述了自己与家人决定通过捐赠我们所拥有的公司足够多的股权建立基金会以确保其具有永久资金来源并能可持续发展的故事。我们同时邀请基金会进入倍乐生董事会，这样他们就可以对公司的决策及方向产生重大影响。一般都很难评估公司决策及方向所产生的重大影响，一般也很难评估公司具有其非营利代表董事的经济收益，但我将我们的很多成就归功于基金会对公司葆有初心的贡献，它帮助人们在每个人生阶段最大限度地享受生活。我的目的是为他人提供一个可以学习并因地制宜加以借鉴的范例。

至此，在本卷前半部分里，我主要针对解决逐利成瘾的问题，展开讨论资本主义，不是批判它谋利的动机，而是批判它任由这一动机肆意妄为，以至于压制甚至有时完全丧失了公益之心。我将这种形态的资本主义称为“利益驱动资本主义”，并将其判定为一种失败，因为今天的世界已经清楚表明，这种资本主义只使少数精英受益却使社会大众受苦。我仍是一名资本主义者，也不反对财富，但我反对贫困。与传统资本主义相反，一种更为公正、更为平等的资本主义形态已经做好准备，为绝望的世界提供一个保留资本主义创造财富最佳能力但将其逐利动机置换为造福大众动机的替代品。我支持这种新型资本主义被广泛采用，越早越好，这就是为人所知的公益资本主义。

因此，我的哲学有四大要义：珍视乡村、利用既有的创造新生的、经济必须服务于文化和支持公益资本主义。

后半部分：需要过度城市化的替代品

在本卷后半部分里，我讨论了过度工业化与城市化的问题，并提出一个自己称之为新直岛模式的解决方案。

濑户内海拥有日本第一个国家公园，但当日本成为工业强国的时候，这里遭受了严重的环境破坏，当时公司认为这些海岛除了可以用来倾倒垃圾和排放有毒烟尘以外别无他用。当我看到他们在海岛造的孽后，出奇地愤怒。我也因此顿悟，并下定决心使出浑身解数为这被糟蹋的自然而战。我选择的武器就是艺术与建筑，这就是最初的直岛模式。

我胜利了！2018 年“倍乐生艺术场直岛”接待了创纪录的

超过 60 万访客。当地居民生活安全而且比以往更加幸福。当人们问我，什么是我生命中最重要的东西，我就会讲起这里的故事。在直岛我实现了我所认为重要的几乎一切。我坚信直岛可以成为一个缓解城市化世界过度发展的困局的榜样。比尔·盖茨夫妇发布的 2019 年度公开信指出，回顾 2018 年，很多事情都是"意料之外"的，其中包括全世界每个月都将新建一个纽约市，这一趋势将持续到 2040 年。

直岛模式可以帮助中国解决城市人口增长过快的问题。每当我访问中国时，我的思想受到热烈欢迎，这令我非常振奋。与日本不同，中国正积极探索乡村振兴良策。

中国推动乡村成为城市的替代品乃是减缓城市化进程、软化其生理与心理危害这一世界潮流的组成部分。如果我们继续按照世界人口不多而我们自然资源无限模式行动的话，我们将无法担任"地球号宇宙飞船"负责任的守护者。我在直岛实行的措施应该被视为一种可行的替代品，但仅仅是众多解决过度城市化问题方案中的一个范例。比尔·盖茨正在美国亚利桑那州西南部修建一座名为贝尔蒙特的未来主义智慧城市；谷歌姊妹公司正在多伦多修建一个名为奎赛得的高科技未来社区；中国正在试验共享农庄的商业模式，在北京周边地区将农村闲置房改造成共享农庄，让必须生活在城市但仍想享受乡村生活之利的北京居民共享这些农庄的所有权。

我希望所有这些努力都能成功，但我坚信这些试验性社区所希望达到的生活质量绝非仅仅凭高效技术与数字化机器所能实现的。那将是多么没有生机的空洞生活啊！人们不想过虚假的生活。人类想在自然中生活，我们都希望生活的社区农产品能自给自足，社区里的当代艺术与令人启迪的建筑给我们提供地域特色并为我们找到家园的归属感。

这就是我的乡村振兴之新直岛模式的四大要素，即融合艺术、建筑与农业，并将全部解决措施都放置于文明起源的大自然之中。

如何运用新直岛模式

当我将这些思想理论应用于直岛实践中的时候，使用了一系列管理技巧。因为每个决定都有其特殊性与独特性，我所使用的技巧因地制宜，量体裁衣。以下是任何人在尝试将直岛模式应用于自己实践时所面对阶段与问题的简要概述，希望能对关注并尝试将直岛模式付诸实践的朋友们有所帮助。

（1）第一阶段：策划。这一阶段需要选择场址，设计建筑，任命项目经理、博物馆馆长、艺术家与建筑师。

A. 最佳选址是偏远、不易到达但靠近水或其他自然美景的地方。那里还需要有历史悠久的建筑。

B. 最佳合作人选是能找到的最专业人士。这一点极其重要。策划阶段的关键专业人士是将梦想成形化的艺术家与建筑师。

C. 在推进的所有步骤中，一定要与充满好奇、愿意合作、渴望振兴乡里的当地居民协调好。

D. 要有意识避免过度开发。一定不要将建筑修得太大，要保持低调，最好能与周围环境融为一体。不要硬加现代元素，利用现有的，创造新生的。

E. 选择当代艺术，因为它有启迪农民去问问题与关心世界的力量。

F. 开发可持续的资金流以支付开销，特别是核心运营的费用。

a. 通过非农业手段获取收入，比如销售艺术品、门票及相关食物与住宿的收入。

b. 向基金会、慈善家及政府部门申请项目经费或捐赠。

c. 向愿意与社区分享利润的企业募集股票作为捐赠，以其所捐股票分红作为使用资金（为了给直岛提供其持续所需资金，我与家人向福武财团捐赠了足够多的我们个人的公司股份，以便“倍乐生艺术场直岛”能使用这些股票的分红支付其运营成本，并保证这些股票像永久留本捐赠一样不受影响）。

G. 通过以下方式建立起来自农业的可持续收入流。

a. 投资技术与培训，以确保获得最高质量农耕与农业产品。

b. 努力树立起“从耕作到餐桌”的思维模式，以便生活在农村的农民可以直接享受到自己的劳动果实。

c. 给当地饭店和商店提供最高质量的本地食品，以便让外地人知道并欣赏这些土特产。这将使乡村对短期访客更有吸引力。

d. 树立起一个当地与城市都认可与追捧的品牌。

e. 着力向当地饭店销售高质量食品以及向大城市的饭店及商店销售知名农产品。

（2）第二阶段：建造

A. 非常重要的一点是，有志于参加该项目的人从一开始直到转成长期员工都要全职在现场。

B. 选用全天然材料，定稿设计蓝图，获取与放置艺术品。

C. 建造可以长久存续的建筑（我们在直岛修建的建筑都可以存续 300 年）。

（3）第三阶段：运营

A. 最终确定员工、预算、维护、费用等。

B. 与政府部门、资助人及当地居民紧密协调。

农业农村农民问题是关系国计民生的根本性问题。

——中国国家主席习近平

我们将走向何方?

中国地理环境一边靠海，另一边是高山大漠，使其人口只能被夹在两者之间。有些中国人希望中国也能像美国紧靠太平洋一样西临大海。从理论上讲，这样人口可以更平均地分布。实际上，这本书的上卷执笔人杰・韩德生先生仍记得几十年前在华盛顿布鲁金斯学会会议室里接待最早访美的中国政府代表团之一的情景。韩德生记得，当时中国代表向在场的美国朋友请教了激励众多美国人离开城市，顶风冒雨迁徙到荒野、定居、务农并建设美国的“先锋精神”。中国具有巨大的国内农村人口及成千上万个历史悠久、蓄势待发并准备好为国家未来扮演更重要角色的乡村，而这些是美国所没有的并只能羡慕的优势。

我们要解决全球过度发展、过度城市化和气候变化等危机问题，这就是我渐渐明确的对世界未来的愿景。

践行我在本书中宣扬的哲学，每个人都要从根本上转变思想。我们必须戒掉逐利的瘾，向一种将社区置于个人之上同时保护自然的资本主义心态转化。其结果必将是使许多当前弊端得到解决，新的生活方式也使人们享受到高层级的幸福。这不容易，但也将是一段非常奇妙的旅程，并收获到一个可持续发展、繁荣兴旺、充满作为生命大师的长者笑脸的世界。

公益资本论

下卷

走向共享

卢德之　著

作者简介

卢德之，湖南人，伦理学博士，现任华民慈善基金会理事长、弘康人寿保险公司董事长、深圳郑卫宁慈善基金会执行理事长，国际儒学联合会副理事长、中国慈善联合会副会长、中国社会保障学会副会长、中国伦理学会副会长、中国社会组织促进会副会长、中国基金会中心网理事长、深圳中国慈展会发展中心理事长、深圳无障碍城市联合会联席会长，世界生产力科学院院士，东西方慈善论坛联合发起人，中国第一批由洛克菲勒家族发起的全球慈善圈成员，兼任北京大学、北京师范大学、南京大学、中山大学、湖南师范大学等高校兼职教授和博士生导师。早年曾在政府部门工作多年，参与和组织了中国农村社会保障制度和城市社区服务的探索及实践，担任过国有企业领导职务并参与了国企改制工作。后来投身于民营经济大潮，先后担任多家企业的法人代表或高管职务。目前管理的企业有弘康人寿保险公司等，涉及保险、投资、高科技实业等多个产业领域。2008 年后，积极致力于中国特色现代慈善理论创新与实践探索，分别以“资本精神”“现代慈善”“走向共享”“资本与共享”“21 世纪慈善”“共享文明”等为主题，在国内以及美国、新加坡、韩国、菲律宾、包括俄罗斯在内的欧洲多个国家发表演讲 100 多场次。先后出版个人专著《交易伦理论》《资本精神》《论慈善事业》《走向共享》《让资本走向共享》《资本精神——人类文明协同发展的力量》《论共享文明》等，在海内外产生了广泛的影响。

前　言

2020年2月，我在新闻中看到日本援助中国抗击新冠疫情的物资包装上写了两句偈语："山川异域，风月同天。"这出自大概1300年前的一段佳话：当时日本有个尊崇佛法的长屋王，给唐朝众僧侣布施了1000件袈裟，每件袈裟上面都写了4句偈语："山川异域，风月同天。寄诸佛子，共结来缘。"鉴真和尚看到此偈语后大为感动，决定东渡扶桑，弘扬佛法，谱写了中日关系史上最感人的一幕。1300年后，当这两句偈语以这种方式再现在中国人面前时，令人倍受感动。2020年暴发新冠疫情后，中日两国在各自疫情防控关键期相互捐赠、支持与帮助，再次温暖了两国人民。中国与日本一衣带水，同属于东亚传统文明圈，有着影响深远的相互学习与借鉴的历史，两国政府及人民珍视友谊、真诚合作，一定能够开创中日友好关系新篇章。

山川异域　相识相知

2016年，在夏威夷举办的东西方慈善论坛上，我第一次见到了福武先生。如果不是主办方介绍，我几乎不敢相信这位农村邻家老头模样的七旬长者，就是享誉全球的"巧虎之父"、日本倍乐生集团荣休掌门人。在我的印象里，福武先生的眼神睿智而犀利。在初次交流中，福武先生就跟我表达了他对日本的现代化路径与模式的失望之情。在日本，乡村荒芜、人口出生率大大下降、老龄化率越来越高。他认为，中国正处在现代化的过程中，应该吸取这一教训。人类现在是一个整体，无论中国还是日本，无论东方还是西方，都有责任把人类引导到更加美好的方向上来。他从人类的角度、全球的角度观察世界的过去、现在和未来的观点和方法，我觉得很有意义。

此后，我又多次在不同时间和场合与福武先生交流了他的直岛经验、对农村问题的看法以及中日农村比较等问题。他真诚的情义、深邃的洞察、冷静的思考，深深地感染了我。他对农村、农业、农民问题的熟悉程度和前瞻性把握，以及对中日两国文化如数家珍般的透彻了解，也让我感动。此外，福武先生还是一位睿智而谦和的长者。2018 年初，东西方论坛在夏威夷举办的“资本与共享三部曲”英文版发行仪式上，福武先生为我的新书发行站台，发表了热情洋溢的讲话，给了我很大的支持与鼓励。

志同道合　风月同天

经过长时间的交流后，福武先生和我都发现，彼此在很多问题上的认识和主张很有共识。我们共同讨论的问题很广泛，比如，无论现代化怎样发展，我们都不可能变成欧美国家，必须尊重自身的文化传统和规律；而且事实证明，不管是非洲、亚洲还是拉美，照搬照抄西方国家的模式都没有成功。又比如，农村是传统文化的载体，也是东方社会实现现代化的摇篮；农业必须得到新的发展，农村不能衰败；发展必须坚持以人为本；关注农村是解决现代社会人口问题的重要出路；城乡一体化具有光明的未来；等等。

后来，福武先生提出，希望我们俩人合作写作，出版一本小册子，把我们共同感兴趣的问题做一个简要的梳理与概括。当时，我表达了对他邀约的感谢，但没有更多地思考这件事。福武先生极其严肃认真。他近两年来往返中日多次，我们一见面，他就谈到合作写书的想法。我从他的言语、眼神中感受到了他深切的忧虑，他忧心的并不是有没有人跟他合作写书，而是在忧日本、忧中国、忧人类。福武先生这样的大爱之心，我完全理解，并有切身体会。我想起了费孝通先生说过的一句话："各美其美，美人之美，美美与共，天下大同。"各个民族、各个国家的优秀文化互相包容、互相学习，就可以展现一个多彩的世界、多元的文化。如果在合作小册子的过程中，能够用我的一些观察思考和观念发现为福武先生的思考提供一些参考和启发，不也是一件很有意义的事吗？于是，我便答应下来，与福武先生把我们共同感兴趣的问题在此书中做一个记录。

Chaptor 01 | 第一章

福武总一郎：探寻人类发展道路的思辨实践家

在与福武先生的交流中，他的许多话语让我印象深刻。比如，他说："我是个逆流而上的人，现在都在提全球化、城市化，我却一直在想，为什么农村的人要离开自己的家乡？"我接触过的企业家很多，向往田园牧歌生活的也不在少数，但真正能用自己的热情和生命把追求的信念融入实践中去的人却并不多，福武先生是其中让我非常敬重的一位。所以，我认为仅仅用"企业家"或"慈善家"来定义他的贡献都是不够的。在探寻人类发展之路的过程中，他的所思所想、所作所为都称得上是一个真正的"思辨实践家"。

一、福武先生的践与行

（一）企业公益一体化实践

1986 年，刚过不惑之年的福武先生，由于其父亲福武哲彦因病突然去世，仓促接手了父亲创办的家族企业——福武书店。福武家族在日本一直运营的是以“塾”为中心的事业，也就是我们常说的“课外辅导”；福武先生以此为根基，在短短20年的时间里，一手打造出了拥有卓著国际影响力的商业品牌——倍乐生，成为全球儿童教育（巧虎）、语言培训和中高端养老领域的领军型企业。

福武先生的父亲在世时非常喜欢直岛，想利用岛上的一些地方做一点与文化相关的事。福武先生承其遗志，以直岛青少年露营地公益项目为发端，利用30多年的时间对小岛进行了全面治理。他不但大刀阔斧地修复了自然环境、变废为宝，还创造性地重拾传统、力推艺术活化；通过修建知名当代艺术博物馆、组织濑户内国际艺术节、邀请知名艺术家交流与驻岛创作，号召当地居民参与到这座荒凉小岛的建设、创作与展览活动中去。2004年，福武先生设立了直岛福武艺术博物馆基金会（即现在的“福武基金会”），在直岛上开办地中美术馆，并被评为直岛荣誉市民。

“直岛经验”将被污染、被荒废、被遗弃的直岛、丰岛和犬岛等濑户内海岛屿群打造成了世界级的艺术圣地。让人尤为钦佩的是，福武先生所推动的项目并不是只属于精英阶层的“阳春白雪”，无论是“家项目”的血脉寻根，还是国际艺术节与本地的融合，都充分形成了与当地居民的友好共生。由此带来的旅游增长、艺术运营收入不但能自我造血，还促成了更多的建设，这个既文艺又盈利的创举也被外界称为“直岛模式”。

（二）艺术活化乡村的创新振兴

虽然在思想观念上高屋建瓴，但福武先生并非眼高手低之人，他是个接地气的推动者、实践者。他在直岛上主动结识了很多岛民，跟他们聊天，观察他们的生活。他发现直岛上的居民非常容易对生活感到幸福与满足，虽然他们没有都市人那么多的财富，但也没有那么多的匆忙和焦虑。所以早期筹建海岛时，他对日本著名建筑师安藤忠雄说："我有一个梦想，希望在日本打造一个乌托邦，在濑户内海岛屿设置世界级艺术品，让众人欣赏，借此活化这些离岛。"福武先生的创新之举有今日之成就，主要是在认识和操作层面上实现了两大突破。

第一，尊重现实，创造机会。城市是人类伟大的发明，又可以快速标准化复制，特别是城市化生产和生活在资本时代带来了显著的规模效应和经济效率的提升，但是，农村对城市绝对依附的旧的二元结构，导致了社会发展的严重失衡。福武先生在肯定"城市型现代化"优点的同时，也充分认识到：这种模式化的生活，对大多数普通人而言并不美好；可是，强迫农民留在土地上，或是让农村在外的年轻人返乡，呼吁他们能有比别人更多的良知、奉献与耐心，并不现实。这种道义的感召是不可持续的，必须给予他们相应的资源、机会，让他们获得成就与幸福。改变凋敝现状，不能只靠农村的自发自为，而需要政策的扶持，也需要城市有识之士和农村居民的协作来改变。

从人的角度来讲，就是市民下乡与农民返乡相结合。农村尽管有所衰落，但仍积累了一定的物质基础，缺少的是精神的激活、创意的设计和共同的参与，如果城市精英能够带着创意与资本“下乡”，通过其智力和财力的投入，有获得同等或差不多综合收益的潜力，就完全有可能建设一个幸福的农村社区，一个以农村为基础的、创新型的现代化模式和现代文明结构形态的社区。

第二，艺术活化，发掘价值。艺术不仅是一种视觉冲击和听觉享受的图像和旋律，更能生动形象地承载和传递人类的感知、思考和积淀。在福武先生看来，艺术是上天赋予人类的一种净化灵魂的能力，是体现人类灵魂超越性的重要组成部分。这实际上是赋予了艺术平等、超然、普世而永恒的人文价值，一种对善、美与爱的终极追求，这也构成了人之所以为人的本质。

艺术具有启迪人心灵的力量，以艺术为武器，就是以艺术为平台，推动艺术的大众化和民主化，在农村社区寻求共识、共治与共享。用艺术这种高雅的精神力量改造乡村，将赋予乡村发展新的内涵和灵魂，激活乡村原有的文化底蕴，让乡村与现代化在物质和精神两个层面对接，创造出不同于城市现代化，又与之有机相联的乡村现代化图景。

艺术活化乡村旨在以艺术为媒，重塑城市与乡村的社会契约，“利用艺术为农村注入新的生命”，是城市文明对农村在文化层面的一种反哺，也可以说是“文化下乡”。直岛、丰岛和犬岛的实践案例，是一种具有典型文创特征的社区营造概念。福武先生通过艺术唤醒了人的情感、激情、文化与信仰，赋予了他们对农村社区的全面复兴与再造的能量，向乡村社区注入了艺术的元素和内涵，实现了艺术生活化、乡村艺术化以及社区文创产业化等多重效果，打造了一个现实版的“伊甸园”。而这个“伊甸园”并不是诉说童话故事、感受梦幻田园、用来满足想象的“乡村版迪士尼”，它是一个幸福、安乐、开放，又充满生命力的农村生态社区。

福武先生以建设幸福的农村社区为目标，以农村为破题之笔打造的直岛模式就是在向世人证明：通过创新性的改造，一个被人抛弃的地方，一样可以化腐朽为神奇，重新变为生机勃勃的乐土。这也是福武先生集 30 余年心血，矢志不渝地投入其中的原因。

（三）福武先生实践的意义与社会贡献

“知行合一”是中国哲学的一个基本认知。王阳明先生把“致良知”“知行合一”作为阳明心学的基本范畴，“知行合一”所倡导的将理论与实践相结合的原则，在中国乃至日本、韩国、东南亚等地区都有着非常大的影响。在阳明心学中，“知行合一”不仅指实际应用问题，更是一种内在的道德修养，比如人动了行之念，也属于行的范畴。换句话说，对个人而言，阳明先生的“知行合一”是对自己知识和思辨的践行。我在研究阳明先生的

"知行合一"之道时发现，其中也蕴含着"果"的因素，即理论与实践不仅要结合，且要结合得好才有意义。否则，我们只凭一个好的想法、概念、理论去实践，结出了"苦果"，那这种结合也是失败的。在现实生活中，人们常常会犯这样的错误。我之所以把"果"特别提出来，是因为这更能使人们理解理论与实践结合后是否带来成功的重要性。

福武先生是一位知、行、果合一的大家。他把自己的理念与实践相结合，不仅是个人的知与行相连，更在于其行所带来的积极社会效应。他从一个美好的"用艺术改造乡村"的愿望出发，潜心在所专注的领域研读各种理论著作，确定了以日本经济学家宇泽弘文先生和美国经济学家约瑟夫·斯蒂格利茨在制度经济学、经济增长方面的思考和创新概念为蓝本，用几十年心血浇灌出直岛模式，从中总结出公益资本主义的理论认识，完全符合"知、行、果"合一的特点。福武先生理论与实践的结合，给当地人带来了幸福生活，为人类提供了极具东方哲学色彩的理论与实践相结合的经验，这个"果"是善果，是甜果。

在我看来，福武先生和稻盛和夫先生一样，是日本企业界诞生的具有重要思想意义的智者、哲学家。稻盛和夫先生把哲学运用于企业管理之中，在打造两个世界五百强企业的同时，创建了属于他那个时代的管理哲学，曾影响了日本和中国的许多企业家、管理人士。福武先生则以企业发展为基石，以公益为出发点，围绕农村现代化、城乡一体化、公益与资本结合等问题，进行了创造性的探索实践，并将其提升为公益资本论的哲学思考。他通过自身的知与行昭示世人，把企业家的精神境界提升到了一个更高的维度。可以说，福武先生的企业、慈善实践与理论，是面对资本、现代化、文化发展等问题的一种新思考、新探索，是人性回归的又一曲颂歌。毫无疑问，福武先生的理论与实践对正处于经济社会快速发展过程中的中国具有重要的参考价值与意义。

2018 年 4 月 23 日，福武总一郎先生访问华民慈善基金会。卢德之博士与福武先生在一起交流

二、福武先生的忧与问

100 多年前，快过 60 岁生日的学者梁济先生问了他儿子——

时任北京大学哲学系教授梁漱溟一个问题："这个世界会好吗？"儿子给予了肯定的答复。似乎感到安慰的父亲，却在不久之后选择了自杀。在遗书中，梁济先生说自己不是恋旧，而是为了唤新。因此有人说："民族血脉的新旧交替，这惊遽的时刻总要有人来表现，梁济选择了表现；这惊遽的时刻过后总要有人去承担，梁漱溟选择了承担。"[①] 梁漱溟选择了活下来，并开始了他为中华文明和百姓苦苦思索与呐喊的一生。这是一个中国两代知识分子心忧人类、上下求索的故事。今天，福武先生对当今世界的现代化模式表现出了极大的忧虑，对过度城市化、过度工业化、贫富两极分化的反思也相当深入。我们对此也有过讨论与交流。他的忧虑与疑问，让我真切地感觉到，他是一个对时代、对世界、对人类有思考、有担当的人。

（一）日本之忧

作为最早实现现代化、进入发达国家阵营的亚洲国家，日本在我们很多人的印象里，经济发达、科技先进、秩序井然、国民素质高、社会风气良好，很好地保留了很多东方文化传统，是令人羡慕的现代化社会范本。但福武先生的判断与担忧却让我们看到了日本的另一面：金融资本肆虐、人口老龄化严重、人口出生率严重下降、农村凋敝、农业萎缩、传统文化失传断代……

---

① 余世存：《梁漱溟家族：选择和承担》，《名人传记（上半月）》2016 年第 1 期。

关于老龄化的问题，我在中国做过养老领域的资助，对其中的问题也有所了解，但翻阅一些数据后，仍被今天日本老龄化的数字所震惊。世界银行的数据显示，2019 年，日本是全球人口老龄化最严重的国家，65 岁以上人口比例达到了 27%，排名世界第一，已经进入了超高龄社会。日本总务省的数据显示，日本的总人口数在 2010 年达到峰值后萎缩，截至 2019 年 10 月的数字为 1.26 亿，人口比最高峰时减少了约 200 万。

福武先生说，日本目前 1.26 亿的人口中，住在东京周边的大约有 3000 万，其余的近 1 亿人都在地方城市生活。现在只有在地方、在乡村，才能看到真正的日本历史的脉络。随着新的建筑物不断拔地而起又不断被夷为平地，城市本身也变成了一片文化的沙漠。通过对直岛周边的开发，福武先生认识到人们在拼命追逐物质、金钱、新的信息，却忽视了生养自己的那方水土的自然、历史和文化。他希望日本人能够更多地认识到传统文化的美，而不是不断地破坏传统文化，一味地将日本“西洋化”。

（二）福武之问

在福武先生看来，人口萎缩、乡村文化衰落的重要原因之一是农村、农业的退化。地方上之所以会出现高龄化，是因为年轻人觉得自己土生土长的地方没有魅力，所以要到外面去。没有人愿意搞农业了，粮食的安全就没有了保障；没有人愿意当农民，农村就失去了传统文化的传承功能。而农村、农业退化是由金融资本的泛滥和过度城市化、过度工业化带来的，这也直接影响到了日本未来的生存与发展。

诚如福武所认同的宇泽弘文先生的判断："农业不仅具有生产维系人类生存的基本资料这一最基本的功能，还在保护环境、生产活动中避免实质上的自我异化，以及维持社会整体稳定等方面发挥积极，甚至核心作用。"我认为，这种关于农耕和城市的话题，揭示的是一种现代农村和城市发展两者相互碰撞之后，所引发的人类生活形式的巨大变化，隐藏的则是农业和工业的如何协同发展的深刻问题。

因此，福武先生的忧虑在于，按照目前的趋势发展下去，可能不需要 100 年的时间，日本人口就会跌到 1 亿以下。照此发展下去，再过两三百年以后，日本还会存在吗？这种以城市为中心、舍弃乡村的发展策略是不是在加速自掘坟墓的步伐？如果资本持续进行着没有限制性的自我增值运动，最终会将我们带向何方？那个方向是人类幸福的彼岸还是最后的孤岛？大家对此应当有所思考，而且，必须有所回答。

三、福武先生的识与策

作为人类，整体上越来越好是必需的。而如何使人类更好，则需要各种有价值的药方。这些药方的本源就是人们对社会问题的忧虑与诘问。福武先生忧心日本的现状，也关注中国的发展。

他不愿看到中国出现日本在农业等方面已经出现的问题。后来，我才知道福武先生个人不但钟情中国文化，家庭也跟中国有着深刻的渊源。福武先生的老家冈山在日本被称为“中国地区”，其夫人娘家姓“秦”，这种单字姓在日本非常少见。福武夫人说，她的家族祖先是2000多年前跟随徐福来到日本的秦朝人，这可能就是她姓氏的由来。2000多年以前，徐福东渡是为了给秦始皇寻找长生之药；而福武先生孜孜不倦的神州之行，则是为了在中国还有转圜余地之时，向我们展示打开经济、社会、文化，特别是农业、乡村另一扇发展之门的“钥匙”。

（一）日本经验与中国实践

在福武先生看来，日本和中国同属东亚，都是以原住民为主体形成的民族国家，人均资源占比低，而且日本传统文化的根在中国，两国是一衣带水的友好邻邦。基于对现代化的敏锐观察和对日本实践教训的深刻反思，他不希望日本目前经济社会出现的一些问题又在中国出现，对中国摆脱现代化模式的窠臼充满期待。福武先生认为，现在中国经济社会出现的一些问题很像二三十年前的日本，正在加速进行以城市化、工业化为主要特征的现代化，金融资本亦在不断刺激人们提升物质欲望。中国的农村也出现了空壳化现象，人口也在不断老龄化，传统文化同样在大量流失。同时，福武先生认为，中国坚持土地公有是非常正确的，土地不能私有。中国拥有一大批激情澎湃的创业者也是非常好的事。只要中国吸取日本的教训，一定能发展得更好。我也是一个农家子弟，对福武先生的所思、所想感触尤深。我认为乡村必须发展，城乡必须一体化，这个大方向是中国作为一个幅员辽阔的发展中国家一定要坚持的。农村既是传统文化传承的摇篮，更是人口衍化的摇篮。但是，在环境、教育、政策方面如何配套，让农民实现守土又乐业，让城市的智力与资本实现移动与反哺才是关键。而在当前的中国，随着《中华人民共和国乡村振兴促进法（草案）》进入征求意见环节，乡村振兴在政策视野中的关注度也进一步提升。在谈到未来中国农村的发展出路时，福武先生和我有五点一致的看法。

第一，农业必须得到保护，农村也不能衰败。欧美国家人口密度低，农业实现自给自足比较容易，农业与农村人口少，只要生产效率高就没有什么问题。但中国和日本与欧美国家的情况不同，两国人多地少，农业不仅是工业的母体，也是很多人的立身之本，没有稳定发达的农业供给，现代化、城市化和工业化都是建设在沙丘上的城堡，一阵大浪袭来，就功亏一篑了。要挖掘农业的巨大潜能，创造出更多的就业机会，需要国家和社会各界的共同努力，通过财政支持、企业投资、公益支持等多元化的途径和手段，对农业、农村进行因地制宜的扶持，让从事农业生产变成一项体面的工作。

第二，农村是传统文化的载体，也是东方社会实现现代化的摇篮。现代化的发展不仅仅是物质上的丰富，也包括精神方面的滋养。农村不仅仅是农田、农庄和篱笆院，还是灵魂的寄托。人们心中关于美好生活的蓝图中，总有一片美丽的田园风光，这就是农村在文化深处的根基。最近，中国一个叫李子柒的“90后”女孩，因为拍摄各种农家生活的视频而爆红网络，不仅被中国中央电视台和《人民日报》等主流媒体赞扬，而且传播到海外，被世界各国网友点赞，创造了巨大的商业价值。这在一定程度上也说明东方乡村文化的吸引力和巨大的商业潜力。

第三，农村是解决现代社会人口问题的重要出路。一般来讲，城市居民由于受到快节奏的生活、物质化的追求、独立自由的向往、个人能力及经济条件的影响，生育意愿远低于农村居民。农村文化对于家庭传承、繁衍后代有着更顽强的坚持。有人才是第一位的，有了足够多的人，才有办法解决其他问题。这是最为朴素而有理性的判断，这也是农村的优势。

第四，产业带动的城乡一体化具有光明的未来。城乡发展如同人的两条腿，两条腿都不能短，重要的是要把农村依附城市的二元关系转型为城乡并举互动的一体关系。在中国，乡村建设和乡村振兴都是当前热议的话题；但建设与振兴不是靠口号而是靠产业带动，如果一个小镇或村庄能有一个企业来引领，比如日本静冈县磐田市有著名的跨国品牌“雅马哈”引领，基础设施、就业都可以带动起来。对于创意性的公司，如果政府考虑用以股代债的方式参与，把相应的财税、金融优惠政策给到进入乡镇的公司，就可以带动这些乡镇的发展。2017年，在福武先生的启发和帮助下，中国企业家、慈善家董方军先生借鉴直岛模式，在山东省沂源县启动了桃花岛艺术活化乡村项目，目前已初见成效，被认定为山东省省级田园综合体项目，成为中国国内首个依托世界顶级建筑人才资源、艺术家群体以及企业家群体发起的乡村振兴项目。

第五，推动农业生产技术、组织方式、人才培养模式创新发展，坚持农业发展支持工业创新、工业反哺农业、统筹城乡发展的城乡一体化发展道路。任何一个国家，农业要发展，人才是保障。在这方面，中国农业发展过程中有丰富的经验，也有深刻的教训。当前，中国农业发展，特别是要实现乡村振兴的发展战略，一个重要的措施是要进一步创新乡村振兴人才的培养与回引机制，努力为壮大农村经济特别是农村集体经济提供新的农业技术与创新人才。同时，要以市场为基础，大力拓展农业的产业链、价值链，积极推动一二三产业的深度融合与高质量发展，在总结以往经验的基础上，解决发展中的问题，积极探索壮大农村经济发展的新路径。农业发展了，农民增收了，农村进步了，自然也支持城市发展，为城乡一体化创造坚实的经济基础，激发活跃的社会动力。

在讨论农业和农村问题时，宇泽弘文先生在《社会共通资本》一书中提到了“公地”这一概念。公地在经济学上指的是公共物品和公共资源。如果仅仅从新古典经济学的思想出发来分析公地，总的看法是或者实行私有制，或者通过国家权力来管制，解决方案只有两个选项，非此即彼。

宇泽先生则认为公地是社会共有的资产，应该进行社会性的管理和运营，既不能由政府官僚进行管理，也不应该分割给私人由私人根据自己的私利和自由市场的竞争关系来管理，而是应该通过社区或集团的公共规范进行管理和运营，这样才能使公地得到有效利用。对于这一理论设想的现实适用性，福武先生的直岛模式显然是一个相当有证明力的实践。

特别值得提出的是，福武先生的直岛模式作为一个成功的范例，也经过了30多年的发展历程；仅是一个直岛，就让他投入如此大的时间、精力和财力，可见这一模式的落地开花之难，即使在日本国内也不易复制推广。如果范围扩展到一个地区、一个国家乃至全世界，难度和挑战更可想而知，何况这里还承载了他的哲学、理想和信仰。我们向福武先生学习，不是单纯照搬直岛模式，更重要的是感受和体验他的个人魅力和精神，理解他“一切都还来得及”的美好愿望，并做好探索艰辛道路的心理准备，这是我们身处东方文明中的人的时代使命，也是我们的历史机遇。

（二）公益资本主义：可能的解局之策?

因为既有的财富产生和分配机制，企业家注定会是这个社会中更多受惠于资本的那部分人；另外，企业家中的佼佼者，也注定会更早看透资本的问题，更早看到慈善的社会价值的人。

无论是比尔·盖茨先生提出的慈善资本主义，还是福武先生明确指出现代资本主义制度已经走到尽头，世界需要新的理论思考后得出的公益资本主义的论断都是如此。与福武先生交流的时候，他多次提到宇泽弘文先生的一些重要观点，表示“社会共通资本”的概念及其运行体系思考为他的公益资本主义的框架提供了许多启发。我在同他的讨论中，不但进一步了解到了他的资本观、公益观和幸福观的形成过程，也引发了我对自身理论体系的再梳理。

第一，福武先生的资本观。西方四五百年资本主义发展的历史，从起初的商业资本主义到工业资本主义，再到近100多年的金融资本主义发展，实际上是一个金融资本孕育、形成、发展和成熟甚至走向异化的历史。金融资本是为实体经济服务的支持体系，但最终却走向了反面，成了经济的主宰。金融资本主义的确推动了经济、社会的极大发展，对优化资源配置、对冲经济风险、提高产业绩效具有不可忽视的作用，但也不可避免地加剧了竞争，放大了经济缺陷，特别是过度的投机行为，干扰了经济发展的秩序和方向，从而导致了两极分化。特别是20世纪80年代以来，随着金融资本的不断扩张，贫富差距越来越大，这种差距既反映在各国国内的社会关系中，也反映在国与国的国际经济秩序中——长此以往，将导致人类社会整体发展停滞甚至倒退。人类社会想要可持续的健康发展，资本一定不能被少数人垄断，而必须为多数人服务。

第二，福武先生的公益观。福武先生的公益观其实是他的资本价值观，同时也是一种具体的操作方案。这一公益观本身，受宇泽弘文先生主张把大多数人都会涉及的公共领域作为社会共通资本的影响很大，即按照一定的规则，以适当的方式进行管理和运营，比如，基于信托原则将各类社会共通资本进行信托管理，政府对此予以妥善的监督；比如，建立适当的制度原则与体系，保持社会共通资本之间的财政平衡等，从经济学、管理学、政治学等角度进行了讨论与设计。具体到公益操作的实践上，福武先生的主张有两个特点：一是认同资本，注重资本的作用；二是资本创造的财富不能全部回报给资本所有者，应当拿出一部分，反哺到公益中去。也就是说，既要节制传统的资本、让资本继续发挥其传统的积极作用，又要更好地发挥其公益性效能。作为一种具体的操作方案，这种公益观主张企业、财团、个人拿出股份的5% 到 10% 捐赠给社会公益组织，确保社会公益事业能以此为基础，再加上其他公益捐赠，以及项目自身的造血能力，实现公益的可持续发展。我认为福武先生的方案是比较务实的。不同于从事虚拟经济的企业家，也不同于科技精英，福武先生有着丰富的实体经济经营管理经验，能够从实际情况出发，张弛有节、破立有度、进退有据，这种精神觉悟和操守本身就是克服和约束资本过度膨胀的精神武器，同时也彰显着他极具理想主义和浪漫主义的个人情怀。

第三，福武先生的幸福观。幸福是人类永恒的、终极的追寻，也正因为这样，幸福似乎有些虚无缥缈。福武先生用“安乐”来解释幸福，告诉我们幸福的真谛不能仅仅依赖外在物质的满足，也要唤醒内在的心灵感知。他认为，在自给自足的小农经济模式下，人们过着一种内敛式的生活，只关注粮食和蔬菜，温饱是主要的诉求。当人们的生活需求都通过市场交易来获取时，一切就都变了。市场竞争所形成的强迫性，片面追求福武先生所说的“更多、更好、更快的生产”，最终将导致“现代化成为创造性的破坏”。换句话说，他认为资本，特别是金融资本，让我们迷失了追寻幸福的方向。福武先生把自我实现界定为人尽其才、以人为本，在追求自我实现的基础上，把“幸福”作为人类需求理论的补充，使其逻辑更能形成一个合理的闭环。在我看来，福武先生倡导的幸福观是尊重自己和他人，助人自助，人际互助，实现人与自然、人文环境的和谐共处，很像是中国禅宗所提倡的那种“衣食住行皆是修行”。试想，如果我们能从日常一点一滴的小事做起，从寻找内心深处的平安喜乐做起，福武先生所说的幸福不就从理想变成了现实么？

第四，从社会共通资本到公益资本主义。在《社会共通资本》中，宇泽弘文先生提出并阐述了社会共通资本的概念与概念起源，以及社会共通资本在现实经济社会中具有的功能、发挥的作用等。他通过对社会共通资本运作核心领域的分析，希望揭示出人类如何管理和维护社会共通资本的关系，以更好地应对全球性问题带来的挑战，并通过一种理想的形态、制度前提来管理和维护社会共通资本，实现可持续性的经济发展。书中对社会共通资本的讨论思路非常开阔，它是一种开放的，包含了自然硬件、社会硬件和社会软件的生态体系，而非一种简单的经济视野与经济思维。

我认为，社会共通资本的一个重要特点是，深入地探索了一种有别于现实财富生产、分配与发展的社会形态。这种形态是一种新的思考，既不是传统的市场经济制度下的选择，也不是凯恩斯主义下的经济运行体系。它既是一种理论思考，也是一种经济思路，甚至是一种理论创新。

但我们必须清醒地看到，社会共通资本只是一种方式或者手段，不是目的。它的设想如何运用到社会实践中，需要一个制度体系与执行、监督体系。而如何建立一种制度体系，又是非常艰难的思考与设计过程。因为无论如何，推动经济发展始终是非常重要的事。如果没有坚实的经济基础，社会共通资本也不可能在任何专业领域发挥作用。但是，社会经济发展到一定程度的时候，就可能出现诸如城乡差距、城市问题、生态环境问题、可持续发展问题、人类的亚健康问题等，需要我们采取不同的措施加以解决。这已经成为 21 世纪人类发展必须回答的一个现实问题。

所以，我同福武先生说，宇泽弘文先生的思考是积极的，也是富有理论与实践意义的，对我们如何深刻讨论公益资本及其实现形态，也具有非常重要的参考价值。

我认为，福武先生所主张的公益资本主义、公益资本与宇泽弘文先生的观点是融通的。社会共通资本的理念与某些操作方式可以借鉴和参考，但在实践运作中，仍然要首先尊重市场和经济规律、尊重所有权。比如，宇泽先生也认同“建立社会共通资本的基础仍然是普遍的私有，倡导自然资源、社会基础设施和制度资本社会共有，以及私有社会共通资本的社会性管理”。所以，福武先生所倡导的公益资本主义，在我看来依然是资本主义，没有否定资本主义的市场规则和经济逻辑。从外延来看，公益资本主义更像是企业社会责任与社会企业的某种结合，不改变资本的逐利性，而是予以伦理节制，暗含了财务、社会和环境的三重底线要求。它不是慈善，但为慈善发展提供了支持，而反过来慈善又为公益资本主义这一创新形态，提供了引入机制和文化氛围。公益资本主义主张通过社会的自我修复方式来对资本主义进行改良，不是通过国家主导的高福利、高税收的方式进行克服，因而需要依托精英的觉悟，强调卓越的领导力，也呼吁各方面共同参与、形成去中心化的协同网络机制。虽然福武先生的直岛模式不容易复制，但却是一种客观理性的反思，一项意义深远的实践。

Chaptor 02 | 第二章

新资本观：公益资本主义与资本精神的同频交响

福武先生从 30 多年的理论与实践的探索中，反思金融资本主义，提炼出公益资本主义的概念，而我则经过 20 多年的求索提出了资本精神的理念并创办了华民慈善基金会。资本精神重在实践，有了资本精神的理念，有了华民慈善基金会的实践，我和以我为代表的华民团队先后提出了让资本走向共享、21 世纪慈善和共享文明等一系列理念。

与福武先生相识之时，正是这套以资本精神为核心的资本观、以让资本走向共享为核心的现代化观和以共享文明为核心的文明观理论初具雏形之时。接下来的几年，福武先生和我多次深入交流，一起探讨公益资本主义和资本精神，一起探究人类该如何对金融资本进行反思。我们认为，公益资本主义和资本精神能够实现同频交响，融合升级而形成公益资本论，将形成一个新视角的资本观。为了更好地认识公益资本论，在了解福武先生提出的公益资本主义的同时，也有必要谈谈我所提出的资本精神。

一、文明发展的基础：资本与资本精神

进入21世纪之后，世界已经进入前所未有的大变革、大博弈、大发展之中。传统的思维方式、固有的知识框架已很难准确地认识和判断当今社会。要更好地理解人类的过去、现在和未来，必须寻找新的认识方式、新的工具、新的话语体系。而这一切，又必须回到人类的本原——人类赖以生存和发展的基础去寻找答案。通过一步步地追根溯源，我发现资本和资本精神，正是人类赖以存在的最基本的物质和最基本的精神，是文明发展的基础。

（一）如何理解资本

证明资本是人类赖以生存和发展的最基本的物质，就要先搞清到底什么是资本。资本与人类劳动有关，和人类社会最初产出的剩余产品有关。不管是人类运用自身劳动创造出的剩余产品说，还是现实经济活动中的储蓄说，有了资本，人类才真正拥有了生存与发展的物质基础。

说到资本，有人爱它，有人骂它。有人说它是天使，也有人说它是魔鬼。抛开所有情感因素看，资本就是一种财富，但它是一种活的财富，一种能带来新财富的财富。比如，原始人爬上树摘了两颗果子，拿一个吃了，这个不叫资本；而另一个做种子，种到地里来年又长成了果树结了果，这颗做种子的果子就叫资

本。可以说，自从有了人类就有了资本。我常通俗地讲，资本就是“钱它妈”，是能生钱的钱，是一种活的财富。

可是，看遍经济学经典著作，几乎都没有对资本做出精准的定义。无论是重农主义者、重商主义者还是近现代经济学者，有的从生产力发展的角度认识资本，有的从生产关系角度去畅谈资本，虽论述繁多，但并无统一定论，以至于让许多人对资本产生了误解，以为它总是“流着血和肮脏的东西”，是“吃人的”。其实，现代社会的大多数人，都会或多或少的拥有一定的资本，即储蓄。这些储蓄不管是存在银行、购买理财产品或是投资股票、债券，都会流入金融机构。通过放贷，其中的一部分成为消费贷款，其他的大部分借给企业家成为投资来源，用于扩大再生产，而经济发展的一个重要动力就来源于此。也就是说，现在大多数有储蓄—资本积累—投资行为的人都是“资本家”。

所以我认为，资本总的来说是个好东西！资本一经产生就与人类社会的发展紧密联系在一起。资本越发展，人类社会越进步，资本创造的财富越丰富，人类社会发展的水平就越高。我把资本与社会互动发展称为“资本的福音”。资本有三个要素：第一是财富，第二是人类劳动，第三是能够产生新的财富。

任何时代都有资本，在我看来资本本身是中性的概念。在资本主义早期的工业化发展时代，资本的发展非常自由，没有受到任何约束，人性贪婪的一面被释放出来，富人对穷人缺乏同情和帮助，自己奢华无度、生活骄奢淫逸，听凭穷人啼饥号寒，而政府又不承担扶助穷人的责任，社会慈善事业远远不能满足保障穷人基本生活的需要，导致阶级斗争与对立、社会冲突泛滥成灾，威胁到整个文明的生存发展，激进革命接踵而来。

资本毕竟因人而生，自然地体现出人性固有的特点。正如亚当·斯密在《国富论》中所描述的："我们的晚餐并非来自屠宰商、酿酒师和面包师的恩惠，而是来自他们对自身利益的关切。"这种在行为动机上利己，而在客观效果上利他的现象构成了我们日常经济行为的常态。

此外，资本身上逐利的特点也带有一种活性。它存在的增值和"生"出更多的财富的驱力，给人类社会的创新与发展带来了强劲的动力和崭新的曙光；更进一步说，资本的发展壮大还具有利他的公益性。比如，可以直接促进就业、税收、公共设施的建设与改善，等等。因此，从这个意义上说，资本本身具有逐利和公益的双重属性，而资本的发展同样指向了兼顾利己与利他的共享目标。

（二）资本精神的提出

我对资本及其背后的道德精神的思考，历经了几十年的时间。从大学期间对马克思主义理论的学习到毕业后参与社会改革的实践，从作为机关干部做邓小平南方谈话的学习与解读辅导，到下海创办国企，从在民营企业商海浮沉到回母校湖南师范大学攻读伦理学博士学位，再到创立华民慈善基金会而拼命赚钱、拼命为慈善事业花钱。我一直认为，应该把资本放到整个人类历史中去讨论，才能说明资本在当今尤其在中国现代发展中的作用。因此，我试图找到一种新的财富观，一种能影响控制资本的更高维的精神能量。

2000年时，我在颐和园与好友的一次散步畅谈中，偶然间迸发出一个灵感的火花，提出了“资本精神”这个词。当时的想法很简单，就是觉得资本的发展动力中肯定有逐利之外更深刻的东西，这个东西是给资本赋予灵魂的。之后，我围绕这个概念进行了长期和系统的思考，一直到2007年把这些思考汇总，写作出版了《资本精神》一书。2008年，我与我的好朋友一起，捐资2亿元人民币，创办了当时中国原始出资额最大的非公募基金会——华民慈善基金会，期望将这种思考逐步付诸实践。

那么，到底什么是资本精神呢？在我看来，资本精神是一个新范畴，特指资本形成、发展过程中的各种行为动机和这些动机背后的道德精神。这种道德精神蕴藏着丰富的思想内容，包括资本形成、增长所必需的对于财富的渴望和对效率的追求；为增长而焕发的发展动机；专注和持久的职业精神；理性与节俭的生活方式；诚实守信的商业自觉；财富属于社会也应当用于社会发展的思想等。究其本质，资本精神就是发展的愿望，因为资本就是增长，就是正当的发展。所以，从根本上讲，资本精神是资本发展的愿望，是资本合理增长和不断发展的精神。把资本与精神联结在一起，意味着用精神的高维能量来驾驭资本的物质能量，从而避免资本被贪婪、自私这些低维的欲望所操纵。

（三）资本精神的主要内容

如果说资本是物理形态，那“三个拼命”就是资本的人格化。资本在发展中被赋予了使命与责任。资本是要发展的，如果这种发展是为了人类的生存与幸福，它就被赋予了某种神圣感，参与资本发展的人也承载着神圣的责任。“三个拼命”的说法实际来源于从当年乘“五月花号”到北美开发新大陆的新教徒。如果更进一步探求，在东西方文化中都能找到其基因。例如在春秋时期，有个著名的商人陶朱公，也就是那个集政治家、商圣与首善于一身的范蠡，他在协助越王勾践洗雪了会稽之耻、实现了自己的政治抱负后，告别了越王，开始了自己的从商生涯。他治理产业，囤积居奇，随机应变，与时逐利。19 年间，他 3 次赚得巨额财富，3 次分给了贫穷的朋友和有需要的人，去做仁德之事。到了晚年，子孙虽未继承他的巨额家财，却秉承他的精神，也累财巨万。《圣经》中的马太福音书也为我们展示了西方资本精神的基因：上帝有一天要出远门了，就把 3 个弟子叫到身边，分别给了 3 个弟子 5000 元、3000 元和 1000 元。过了好些日子，上帝回来了，大弟子的 5000 元变成了 10000 元，二弟子的 3000 元变成了 6000 元，都如数交给了上帝。三弟子却说：“上帝，我怕把钱花了，就把钱埋在地下。”上帝非常不高兴，就把三弟子的

1000元收回来，又交给了大弟子，让大弟子去创造更多的财富。《圣经》里面还有一个青年财主希望上天堂的故事，也是西方资本精神基因的佐证。故事说这个青年财主想跟着上帝上天堂。上帝对他说："你把钱都交出来，我就带你上天堂。"青年财主却说："这很不好，我的钱是好不容易挣到的，怎么能交给你啊！"然后转身离开了。这个青年财主走了以后，上帝说："你看，富人上天堂比骆驼穿过针眼还难！"

这3个关乎财富积累、分配与使用的故事都说明社会需要会挣钱的人，更需要为神圣的目的、为全社会挣钱的人。用一句话概括，就是人们不仅要挣钱、省钱、挣更多的钱，更要为神圣的目的而把这些钱花出去。资本精神的"三个拼命"不是并列关系，而是有顺序要求的：首先是要拼命地挣钱，其次是要拼命地省钱；如果没有先去挣钱，又怎么去省钱呢？最后才是拼命地为神圣的目的而花钱。所以，贯彻"三个拼命"就是要让它形成自己内心的一种欲望、一种激情，甚至一种生活方式。

（四）资本精神的本质

从资本和资本精神的探讨中，我们不难发现，有一个词贯穿始终，那就是财富。人类为什么创造财富呢？古希腊的享乐主义、中国历史上的管仲和杨朱都提出了一种类似"侈靡论"的经济学说，认为欲望创造需求，需求产生市场，市场刺激生产；欲望越多，需求越旺，市场越大，生产越多。由此循环往复，经济就繁荣了，社会就进步了。现实社会真的是这样吗？

当一个人的财富足以满足他所有的欲望之后，他还会有继续为自己创造财富的动机吗？要知道，他的躯体变成泥土之后，欲望便消失了。人在自己变成泥土之前，把自己所有的财富用尽就好了。但如果真如此的话，人类就没有用来创造更多的财富的资本了，人类的发展也就无从谈起了。所以，人只为自己的肉体、欲望之需而创造财富，一定是一种有限的创造，最终一定会导致奢侈挥霍、财富枯竭、社会分裂动荡。人类要发展就必须主动地约束自己的欲望，因此欲望是不能作为资本增长背后的动机，也就是不能成为资本精神的。只有超越于人的肉体、欲望的至善，才可能使人具有无限的创造力，才可能使一个拥有巨大创造力的人为一个神圣的使命而创造财富，节俭地使用自己的财富，为财富的责任而处置财富。

正如卡耐基在《财富的福音》中所写的那样：富人的首要责任是树立一个简朴、不铺张浪费生活方式的榜样，避免炫耀奢华；其次是为自己和其供养的人们提供合理的生活所需；最后，将所有剩余收入视为类似于社会信托基金，富人仅仅是其责任管理者，理应根据自己的判断将财富用于最有益于社会的事业。

所以，从根本上说，人的肉体、情欲等不产生至善，也不具有超越性。神圣的激情只能产生于超越肉体、情欲的道德过程。追求至善，超越财富本身，创造才能持久，才不会枯竭。所以，资本精神的本质是创造财富和超越财富。

二、发展的动力与平衡：资本精神与现代慈善

一个人在高速公路上开车，一定要重视两个东西：一是发动机，二是刹车装置。如果汽车没有好的发动机，汽车有可能跑得不好，开车也不会很舒服；如果汽车上的刹车装置存在隐患，那就有发生事故的危险。资本精神就是经济社会发展的发动机和刹车装置。

为什么这样说呢？人类社会活动总是与两个问题有关：一是发展，二是平衡。资本精神就具有这两个方面的作用：一是发展的动力。资本具有发展的本能，资本就是发展，资本就是推动经济社会发展的重要手段和工具。二是平衡的机制。资本精神总是引导人们追求社会公平正义，追求和谐与进步、繁荣与发展。

而资本精神要发挥发展和平衡的作用，就需要处理好富人困境和财富魔咒，改良土壤和培育良种，以及资本精神和现代慈善这 3 个问题。

（一）富人困境和财富魔咒

富人困境和财富魔咒是相伴而生的。所谓富人困境，就是一个没有资本精神的富人是很难受的。创造了财富消费不掉难受，传给后人又怕后人丢失，如子女多还可能导致家族不和乃至分裂。财富魔咒则是中国古人归纳的在世界上普遍存在的“富不过三代”的魔咒。

要破除富人困境和财富魔咒，一个比较好的方法是：自觉地、更好地投身于慈善活动，把资本与资本精神融合起来，把财富与精神融合起来。因为富人通过多做公益，不仅有益于社会的发展，有利于消除内心恐惧，而且可以更好地让富人传承财富，荣耀家族的道德光芒。这样不仅突破了“富人困境”，也破解了“财富魔咒”。

富人困境和财富魔咒的问题，不仅事关个人和家族发展，也是一个很重要的社会问题。我们认真研究不难发现，美国的现代化历程是美国众多的大家族支撑起来的，而我们的邻国日本也有着 2 万多家的百年老店和 7 家千年老店。[①]

我曾经深入地考察、研究了洛克菲勒家族，这个家族从老洛克菲勒到现在已经传承六代人了，依然在美国的政治经济社会中有着举足轻重的地位，他们的做法无疑值得我们研究借鉴。

2014 年 4 月，我因参加在洛克菲勒家族庄园举行的慈善座谈会，在庄园住了 3 天。以饮食为例，别的地方吃牛排都是一大块，但在洛克菲勒庄园里就是那么一点儿，再配上一些面包、青菜和甜品。不但日常如此，请客也是这样安排的，热量足够，但绝不浪费。他们这种勤俭、朴素的精神，是从老洛克菲勒那里一直传承下来的，至今没有改变。2015 年，时年 100 岁的大卫 · 洛克菲勒先生依然保持着这样的生活风格。从这些生活细节可以看出，

① 数据来源：Databank 公司 2013 年日本企业调查。

洛克菲勒家族是一个真正有信仰、有理想、有责任感的家族。他们的厉害之处在我看来有以下 3 点。

第一，洛克菲勒家族的财富。洛克菲勒家族总量几千亿美元的巨额财富都捐给了慈善基金会。他们清楚，一个人如果确实有能力，就不需要那么多财产。拥有洛克菲勒家族的背景，就有了发展的巨大动力和基础。同时，家族成员取得的成就又可以反过来支持家族的事业，扩大家族的影响力。

2018 年 5 月 6 日，卢德之博士应邀在全球慈善圈纽约总部发表《论共享文明》演讲后，全球慈善圈发起人洛克菲勒家族基金会掌门人佩吉女士为卢德之博士授予演讲纪念牌

第二，洛克菲勒家族的传承。洛克菲勒家族传承到现在已经是第六代了，而且每一代都出现了杰出人物。这个家族能够这样强势地传承下来，有 3 个东西发挥了作用：一是家族办公室；二

是家族基金会；三是家族长期的社会影响力。家族基金会是一个枢纽型的道德平台，因为它的建立和存在，每年200多名家族成员都聚到庄园里开会，始终保持了家族基金会的活力。而这3个方面的综合作用，保证了洛克菲勒家族在美国和在全世界的影响力，保证了家族的长久不衰、不断发展。

第三，洛克菲勒家族的文化。家族文化包括了家族的理想、信仰、全球责任，也包括勤俭、自律的清教徒精神。当然，这个伟大家族的发展与壮大，还需要相应的社会制度来保障，这个制度里最重要的就是包括了美国相对完善的法律制度体系。

那么，我们怎样才能把洛克菲勒家族这套成功的方法引到中国来呢？我们至少需要几样东西：第一，培养和提高全民的资本精神。第二，引进西方成熟的、以家族基金会为特征的慈善制度。第三，权力要遵守规则，要公正运行，要保障家族基金会体系能够正常运行与发展。换句话说，我们不仅要改良土壤，还要培育良种。

（二）改良土壤和培育良种

为什么说要改良土壤和培育良种呢？这里说的土壤和良种又是什么呢？首先要说明的是，我说的土壤是指企业家或者说商人发展的环境，良种则是指企业家或者说商人本身。

几千年来，作为主流意识形态的儒家文化，逐渐把中国商业文明里最活跃的因子局限起来了，结果是在一定程度上使工商业发展的沃土变成了工商业发展的盐碱地。在这块盐碱地里，商业经济的种子能够发芽，但能够长成参天大树吗？而且，这样的状态一直持续了 2000 多年。20 世纪 70 年代末，中国实行改革开放，并逐步推进社会主义市场经济，但至今也只有 40 多年。短短的 40 多年，要把 2000 多年形成的问题都解决好是不可能的。尽管如此，我们不能不正视我们市场经济发展的土壤问题。我们应当用资本精神去焕发活力和促进经济，发掘中国传统商业文明中的、生长在经济社会夹缝里的商业精神，探索并支持中国市场经济发展的内在精神动力，逐渐实现改良市场经济土壤的目的。

解决经济发展中的环境，也就是改良经济发展土壤的同时，还要解决一个问题，就是市场经济的种子，也就是作为市场经济重要主体之一的企业家。我们的种子有没有问题呢？市场经济的种子在远古就有了，东西方差异也不大。中国先秦时期发展得相当自由，成效也很好，也结出了一大批正果。后来，由于政治制度的强力约束与限制，市场经济的种子在中国发生了严重的扭曲，大多又在一种病态中生长，所以种子也出现了问题，而且问题相当严重。中国历史上的商人要么没有多少使命感，更谈不上崇高的使命感与责任感；要么虽富有使命感，但是使命感出现了偏差；又或者富有使命感，使命感也没有问题，但是实现使命的方式方法有问题。所以，我们不能只看到市场发展的土壤有问题，实际上市场经济的种子也存在严重的问题。

因此，我们今天要做的，就是要改良市场经济的土壤和培育市场经济的良种。这不但需要几代人不懈地为之努力，更需要制度层面的呵护与保障。

（三）资本精神和现代慈善

我始终有一个梦想，那就是用资本精神这个工具，从现代慈善入手，身体力行。尽管力量相当绵薄，但希望能为改良市场经济的土壤和培育良种做一些新的尝试，华民慈善基金会就是按照我提出的资本精神的理念进行构想和制度设计的。而要叩开慈善的大门，除了建立机构，还要从了解它的历史开始。

现代慈善是传统慈善在现代社会的发展与进步，最早出现在 20 世纪初的美国，以美国慈善基金会特别是家族基金会为标志。它是资本精神在现代社会制度下的一种重要表现形式，体现了资本精神发展的动力和平衡的作用：一是推动发展，二是促进平衡。人类社会在发展过程中，不可避免地会出现许多矛盾与问题，诸如贫富差距、南北差距、东西差距，以及人与人之间不平等与隔阂的扩大等。而且，社会发展得越快，这些问题就会越突出，甚至越尖锐。如何解决这些问题呢？现在普遍使用的就是三次分配法：第一次分配是劳资分配，第二次分配是财税分配，第三次分配就是现代慈善。同是分配，性质并不一样，前两次分配是强制性的，是社会发展中必然的制度要求，反映了现代文明的发展与进步，绝对不是传统的、革命方式的强制性分配；后一次分配则是自愿地捐赠财富，是资本精神的现代表现形式，我把它称为“比尔·盖茨式的革命”。从这个意义上说，现代慈善是促进社会发展与进步的重要力量。所以，现在无论发达国家还是发展中国家都大力推动现代慈善的发展，根本原因就在这里。

三、公益资本论：公益资本主义与资本精神的异国共振

福武先生从倡导公益资本主义破题，进而和我一起探讨公益资本论。福武先生公益资本主义的理论是针对发达国家（包括日本）盛行的金融资本主义提出来的，而当他了解到中国国情以及世界的其他国家一些发展模式后认为，应当将这种思考同时适用于东西方文明框架、促进其融合，为此必须将公益资本主义与资本精神融合升级，形成一种新的理论思考。我们把这种新的理论思考称为公益资本论，这一概念也因此被确定为本书的书名。

（一）公益资本主义与资本精神的一致性

福武先生认为，公益资本主义是指在现代资本的发展过程中，在保证资本逐利性的前提下，加大资本直接和间接公益性的一种资本观。公益资本主义与资本精神一样，既承认资本对人类社会发展的重要贡献，同时也强调资本对人类社会的平衡性作用，在以下几个基本点上具有共同性。

第一，资本应得到科学发展，资本不发展人类社会难进步，对资本应有总的肯定态度，资本对人类社会有贡献的一面应予充分褒扬。

第二，现代资本发展存在严重缺失。与马克思所处时代和哈耶克所处时代相区别，在资本主义世界，现代资本呈现出对政治、经济乃至科技操控的趋势。这种情况会引发严重的危机，必须限制。我们看到一些国家乃至一些个人正在通过一系列眼花缭乱的手段或凭借现代科技手段，试图用资本控制整个世界，这是万万不可的。

第三，农村和农业是国民经济发展的支撑，但平均利润率可能低于城市和其他产业。资本的逐利性决定了资本流动方向会更多地考虑城市和其他产业。因此，任何国家都应充分考虑农村农业的状况，制定更加科学的产业政策，推动资本的科学流动。在农业领域，完全的资本自由流动模式都会遭遇发展的困难。

第四，资本发展过程中，应根据企业实际，留存一定比例的股份直接捐给公益，以保证公益的可持续发展。特别是对环境保护、文化传承的公益事业，资本应承担起更多的社会发展责任。

第五，企业家精神是人类美好精神的重要组成部分，成功的企业家都应成为出色的慈善家。当然，企业家做慈善的前提首先是要把企业做好。每一个企业家做慈善的方式是不同的，有的一边做企业一边做慈善，有的到退休时把积累的一部分财富甚至全部交给慈善，有的则在离开这个世界时，把财产交予社会或者后人做慈善，等等。我们应尊重企业家选择的自主性和多样性。

（二）公益资本论能够促进东西方文明的融合

我认为，公益资本主义与资本精神具有高度的重合性。可以说公益资本是资本精神所讨论的资本价值中的特殊形态，是资本的善、掌握资本的人的善，强调的是资本收益的分配方式。而讨论公益资本论则把资本精神和公益资本主义的融合，提到了一个新的资本观的高度。

福武先生从激发东方的传统文化价值出发，融合现代西方的经营管理方式提出了公益资本主义，而我则从比较东西方的创富精神与动机、统御资本动能、倡导资本担当出发，挖掘出了资本精神的概念。这两者都来自东西方文明的共同滋养，其融合升级产生的公益资本论既强调了资本的增值性，又强调了资本的公益性，既强调资本的自由性，又强调资本的约束性。作为理论来讲，我们提出的公益资本论必然需要更多的论证、丰富与完善。而公益资本论实践的结果必然会促进东西方文明的融合，让人类社会稳步迈向新的发展阶段。

（三）资本的现代化发展方向与趋势

一直以来，我总在思考的一个问题是：为什么许多涉及当代经济社会发展方向与资本观这类的问题总是由像比尔·盖茨、福武先生这样的大企业家提出？我认为，历史发展到今天，企业家的作用越来越大。但与以往历史不同的是，无论是资本、科技、经济、社会，甚至政治、文化等都与企业家发生着千丝万缕的联系，企业家在把企业由小做大的过程中又经历过种种难以想象的磨难。这些大企业家一旦觉悟，他们似乎更容易掌握人类发展的密码，成为真正意义上的推动社会发展的“燃灯者”。

人类社会发展到21世纪的今天，必须重视和尊重两个基础：一个是资本，一个是多数人。而且，必须在资本和多数人中间找到一个发展的度，一种均衡的状态，否则这个社会就没法发展下去。而要破除金融寡头、破除所有权神话、破除阶级资产，就是要更多地从资本与资本精神发展中探寻资本与多数人之间的关系，通过一种恰当的方式，或者制度设计，实现多数人共享经济社会发展成果的目的，让资本顺应现代化发展的方向和趋势，为资本在全球范围内打开一扇走向公益、走向共享的新的大门。这不但是公益资本论的核心内涵，也是福武先生和我针对人类社会发展困局而提出的一种新的思考。

2018 年 6 月，卢德之博士与罗格斯大学社会工作学院访学师生交流

Chaptor 03 | 第三章

新现代化观：资本走向共享将成为历史必然

现在看来，我们所处的时代，是一个用共享治理资本的时代、一个用共享引领科技的时代，也是一个需要融合、创新与超越的时代。人类生存发展的物质基础——资本，由此而形成的精神基础——资本精神，以及人类社会的发展方向与目标——共享，这是我眼里的一个发展的世界。而且，我认为，这些理念也紧密地联系着中国与世界。资本贯穿着人类发展的全过程，而资本与共享则总是处在时刻不停地博弈运动之中，会不断地对人类历史发展变化产生深刻的影响。从总体上说，资本越发展，财富越丰富；社会越发展，就越会走向共享。尽管道路曲折，但人类历史发展的过程就是资本与共享在博弈中发展的过程。

中国是一个发展中国家，在探索自己的发展之路时，不停地追逐自己的梦想是我们的目标。我们这代人在 20 世纪 80 年代初上大学期间，探讨中国与全球发展的理论与模式时，就最热衷谈到的一个词就是现代化。后来，我们发现，无论中国与外国，有相当一部分学者和实践者都认为现代化是一个向欧美发达国家的社会、经济、文化系统演变的过程；而发展中国家通过接受西方发达国家的先进技术、科学文化以及思想观念，克服传统的障碍，必将走上类似的现代化道路。在与福武先生交流时，听到他痛陈现在“窄化”的现代化所带来的诸多弊端和危害时，我心有戚戚。

中国作为后发国家，拥有充分的反思空间，可以避免踏入“同样的河流”、摆脱既有的发展宿命论。而对于整个世界来说，无论一个国家处在什么样的现代化阶段、选择了什么样的现代化模式与道路，也都需要看到面向未来可能会产生的一种新的现代化观。

一、现代化的发展进程与方向

（一）如何理解现代化

现代化是一个大的命题、大的系统概念，特点是时间上的相对性和内容上的多样性。从理论上来说，关于现代化的主要解释有以下四种：第一，工业化论，认为现代化是人类从传统农业社会向工业社会转变的历史过程；第二，过程论，认为现代化是科技革命以来人类社会急剧变化的过程的总称；第三，文明形式论，认为现代化是代表我们所处时代的文明；第四，发展论，认为现代化是近代资本主义兴起后特定国际关系格局下，经济落后国家通过技术革命，在经济和技术上赶上世界先进水平的历史过程。

我研究并总结了各种内涵和标准之后认为，长期以来，我们所讲的现代化都是西方话语体系下的现代化，是福武先生所反思和忧虑的城市化和工业化。因此，我们有必要首先阐述我们对于现代化的理解。我认为，现代化是一个涉及社会全面进步的变迁过程，是一个涉及全社会的系统改造工程。在这个过程和工程中，从经济到社会、从社会到个人、从物质到精神、从宏观到微观都将经历一场全面的现代化洗礼。

（二）现代化的发展进程

不同时期的现代化，只是人类整体现代化进程中的一个断面和一个特例。实际上，现代化在阶段和节点之间，上下左右呈现出发展规模和水平的高低，以及综合因素决定的差异特色。因而，可以依据不同划分标准，划分为一次现代化、二次现代化，或者现代化的准备、起飞、腾飞、富裕等阶段。经过对历史的梳理和各类文献的总结，我尝试把现代化按照纵向的时间线进行划分，按照各个时期核心驱动的生产力不同，形成一个历史范畴和地理范畴交织的划分方式。

第一，前现代化阶段。人类历史上第一次现代化的过程，是从 17 世纪到 20 世纪中叶。英国的第一次工业革命、欧洲技术革命推动了机械化、模块化等机器化生产，随之而带来的生产发展、市场兴起、财富增长，促进了资本主义的大发展、现代资本主义制度建立，强调效率优先，兼顾公平，更多地强调少数人利益。同时，这一时期在地缘政治上的主要特征是地理大发现带来的殖民统治与殖民掠夺，各个海上强国通过打砸抢、占山为王迅速地野蛮生长，而资本的无序发展最终也导致了第一次世界大战和第二次世界大战，这一由西方主导的殖民经济时代，我称之为前现代化阶段。

第二，现代化阶段。从第二次世界大战后到21世纪初，现代化和全球化密切联系，新自由主义在西方世界的发展，促成了市场经济的全球扩张。资本流动到哪里，哪里就得到了大发展，这也直接推动了以计算机技术、航天技术、大规模集成电路技术等为代表的新技术迅速发展。在这个过程中，相当一部分国家和人民进入现代化阶段，资本开启了正向的模式，资本主义制度不断自我完善，社会主义制度也在进行着自己的现代化尝试。此时的发展公平优先，强调效率，开始关注多数人利益。一系列具备和平与发展时代烙印的国际规则机构，比如联合国、世界贸易组织也在此阶段纷纷成立，主导着国际的议事规则与平衡，这一带有明显资本经济时代特征的时期正是所谓的现代化阶段。

第三，后现代化阶段。第三次现代化浪潮是21世纪以来到目前我们所处的时代，以数字经济为代表的生产力出现井喷式发展：互联网、机器人、智能制造、新材料、生物工程、5G等新技术日新月异，形成了强大的生产能力和发展能力，为世界经济带来了巨大变化。数字经济是人类通过知识和信息的数字化，实现资源的快速优化、高效配置，实现经济高质量发展的一种经济形态。数字经济将数据作为一种重要的生产要素，通过不断升级的网络基础设施与智能机器等信息工具，通过数据获取、数据存储、数据加工、数据传播等层面的提升，快速提升了大众的信息共享能力、信息获取能力、信息知情能力和信息处理能力，极大地降低社会交易成本，提高资源优化配置效率，提高产品、企业、产业附加值。应当说，数字经济前所未有地扩大了经济活动的广度与深度，前所未有地提升了经济发展的质量与效率，是当今世界共享经济的一种具体体现。此时现代化的综合发展，虽然仍然以科学技术为先导，但在发展伦理上开始公平与效率并重，既照顾多数人的根本利益，也注重激发少数人的积极性。后现代化阶段中，资本和生产力发展的目标可能出现了一种新的方向，以共享为目标、以共治为手段、以共识为追求的崭新趋势，将可能翻开新的历史画卷。

第四，现代化的未来走向：新现代化。现代化是一个漫长的过程，而后现代化阶段的未来走向，可能会促使我们的思想界诞生一种新的现代化观，它的重要特点就是诞生在国家转型、技术进步、资本发展、生态文明等多个因素相互交集的过程之中。

目前，西方国家进入了普遍性的调整阶段，而发展中国家普遍发展起来，扩大了世界经济与政治话语空间，东西方都在调整与改革中，寻找现代化发展的新道路。人类社会发展到现在，仍处在新现代化的初级阶段，东方和西方都面临许多问题。但有一点可以肯定的是：未来形成的新现代化，在宏观上必然选择优势互补、协同发展的共享模式，它将体现出极大的包容性，既具有内在的生命力，又具有外在的亲和力，它的实现不依靠武力、强权、垄断和封闭，而是靠对话、沟通、学习与开放。

二、现代化发展的道路与模式

现代化的发展总是与一定的社会生产方式或社会文明形态相关联的。如果说前面以进程和时间线的划分，更多的是从社会生产力的角度展开讨论的，那么接下来，我们所要更多关注的则是关乎现代化发展的道路与模式的社会生产方式的另一个层面——生产关系。

而要对现代化进程中不同国家和地区的情况有更深刻、更具体的理解，对现代化的整体过程有一个很好的把握，我们有必要就现代化发展道路的模式进行初步的探讨和研究。

（一）资本主义现代化模式

翻阅历史，我发现1776年发生了3件大事：其一，亚当·斯密《国富论》在英国出版；其二，美国《独立宣言》发表；其三，瓦特在伯明翰宣布制造了世界上第一台有实用意义的蒸汽机。有了自由市场经济、资本主义民主政治和科学技术的重大突破，人类社会的发展就好像被按下了加速键，现代化成为历史发展的必然。这三者融合被广泛地视为资本主义现代化的起点。

应该看到，资本主义生产关系不仅开创了工业文明时代，开辟了世界现代化的时代，而且在现代化一定发展阶段中显示出其具有世界历史意义的革命性，不断摧毁旧的生活方式，扫除一切阻碍生产力发展的障碍，从而推动世界现代化的发展。资本主义社会使个人的能力和关系获得了前所未有的发展，从而奠定了人的现代化的基础，赋予了人现代文明的内涵。人与社会包括人与人在形式上达到统一，作为现代化社会一个根本标志——个人的自由全面发展的物质条件开始具备和发展。

在资本主义的现代化发展道路上，不同国家因为其文化背景、历史传统、主客观环境不同，在现代化的道路、经历、表现方式方面也呈现出多样性的特点，可以说每个国家都有自己的现代化版本和模式。在此，仅就英美为代表的盎格鲁－撒克逊模式和以德日为代表的莱茵模式为例进行简要分析。

第一，盎格鲁－撒克逊模式。盎格鲁－撒克逊最早是落脚在英格兰地区的一些部落名，本身是一个民族概念。光荣革命之后，生活在这片土地上的人们率先建立了资本主义君主立宪制国家——英国，他们不但最早完成了工业化，还创造了自由的市场经济环境。利用船坚炮利的优势，他们不断扩充自己的势力范围，攫取了大量金钱与资源，建立了“日不落帝国”，并把自己的民族特质播撒到了众多的海外殖民地中。1620 年，一批在英国受到压迫的清教徒计划前往北美建立他们的“理想国”，这批移民在到达美洲大陆后签署的《五月花号公约》，确立了移民社会的合法性，大家按照公约自我约束、践行自治、学习立宪与民主；而在推翻英国殖民统治、获得独立之后，崇尚自由的个人主义价值观更影响着美国政治、经济和社会生活的方方面面。自此，自由和民主成为支撑资本主义体系发展的两大价值基石。共同的文化渊源使得英美和加拿大、澳大利亚、新西兰等英联邦国家的现代化发展道路呈现出某些共同的特点，也正是基于此，我们将这些国家的现代化探索称为盎格鲁－撒克逊模式。

第二，莱茵模式。与英美建立高度私有化的自由市场经济不同，欧洲大陆因为自身悠久的历史传统，实行了不同程度的混合经济，国有经济具有较高的地位，重视计划作用和宏观调控；注重发展社会保障，公共资源的投入较多向民生方面倾斜。作为近代多数有殖民史、通过工业革命崛起的早期资本主义国家，这些国家大都由中世纪的诸多小国不断合并形成，内部情况比较复杂；与崇尚自由主义和保守主义的盎格鲁－撒克逊模式不同，莱茵模式大多建立在法团基础之上，强调不同的人组成群体，在这个群体的基础上再组合成社会，因此个人的地位相对弱化，其代表国家主要是莱茵河流域的德国、法国、瑞士、荷兰等国。至于有些把稍作改良的日韩财阀模式和北欧国家资本主义模式另做定义的划分法，其核心价值观念来源也是莱茵模式，因此统归在此一类中。

（二）社会主义现代化模式

不论盎格鲁－撒克逊模式还是莱茵模式，它们体现的都是资本主义对现代化发展道路的探索。一方面，资本主义极大地解放和发展了生产力，推进了人的现代化进程；另一方面，由于生产资料为社会上占少数的资本家所占有，也引发了贫富差距、两极分化、经济危机等一系列社会问题，资本主义的现代化发展因自身无法调和的矛盾遭遇瓶颈。

1917 年，伴随俄国十月革命的胜利，第一个社会主义国家——俄罗斯苏维埃联邦社会主义共和国宣告诞生。自此，现代化的发展道路有了社会主义现代化道路的第二个选择。社会主义现代化模式的探索主要有以苏联为代表的传统社会主义模式和中国模式两类。

第一，传统社会主义模式。传统社会主义模式的建立是基于列宁、斯大林主义对资本主义的深刻认识。在看到资本主义只顾效率不顾公平的问题后，苏联建立起了全民所有制和集体所有制的社会主义公有制，实行“一大二公”、高度集中的计划经济体制。这种模式在苏联建立的初期，对于摆脱西方资本主义围堵，建立苏联国民经济体系发挥了至关重要的作用，使其迅速发展为一个与美国抗衡的超级大国。“冷战”时，面对周边资本主义国家的经济封锁和政治制裁，在这个由苏联主导的庞大分工体系中，新兴的社会主义国家抱团取暖，通过社会主义阵营内部交换、互通有无，传统社会主义模式使得新兴社会主义国家在资本主义包围的夹缝中，获得了一定的成长空间。但这种像铁索被连在一起的捆绑，很容易就走向一荣俱荣、一损俱损的境地。而这一模式的最大问题是导致发展走向只顾公平、不顾效率的另一个极端。以阶级斗争为纲、不尊重市场、国民经济偏向重工业的畸形发展不但会使社会经济发展失去活力，还无法满足人民日益增长的物质文化需要，使各种社会问题凸显，积重难返的后果最终导致苏联解体、东欧剧变，传统的社会主义现代化探索模式宣告失败。

第二，中国模式。这里所说的中国模式，是指中国最近 70 年来的发展模式，特别是最近 40 多来不断改革、发展、完善的发展模式。作为出生在 20 世纪 60 年代的人，我可以说是这个模式最重要发展阶段的亲历者和见证人。在我的人生阶段中，亲身经历过计划经济中供应紧张、吃不饱饭，不协同考虑经济建设、不重视市场规律的艰难岁月；也在 1979 年进入大学后与国家共同经历思想解放，认识到“贫穷不是社会主义”，必须进行改革的迫切性；工作以后，在政府部门、国有企业的工作经历，让我与初涉市场经济、向世界开放的中国社会同时成长，感受了学习西方，与西方深度交流的价值所在。我个人的成长轨迹不但反映了中国那些风云激荡的岁月，真正与国家同呼吸、同脉搏、共命运，更让我从哲学、伦理和实践的角度充分意识到：谈到现代化、谈及未来，社会主义制度优越性的根本表现，必须是能够推动和激发社会生产力以过去所没有的速度迅速发展，使人民不断增长的物质文化生活需要能够得到不断的发展与满足。

社会主义的本质，是解放生产力，发展生产力，消灭剥削，消除两极分化，最终达到共同富裕。离开自己国家的实际谈马克思主义没有意义，我们的基本国情就是我国正在处于并将长期处于社会主义初级阶段，必须正视人民日益增长的美好生活需要和不平衡不充分的发展之间的矛盾，大力发展市场经济，开辟有中国特色社会主义现代化的发展道路。

1985 年，我第一次有机会去香港考察，后来又去了新加坡，当时看到他们的高楼大厦、干净的街道、有序的环境、充足的物质供应，心中有无限的羡慕。当时想的是，我们跟发达资本主义社会的差距至少得有 50 年。但实践证明，经过改革开放 40 多年的励精图治，中国的社会主义现代化建设就已经取得了历史性成就：中国不但解决了十几亿人的温饱问题，为世界减贫事业做出了重要贡献，而且将全面建成小康社会胜利。现在中国大型城市的基础设施完全可以和最发达国家的大都市相媲美，而高速铁路、扫码支付、共享单车和网络购物更是领先世界。亲历这一系列变迁的我，真是时时都在感慨世事的沧桑。我认为，中国现代化的发展切实为人类的发展道路贡献了中国智慧，提供了中国实践。

三、人类需要什么样的现代化

（一）福武先生与我的现代化对话

福武先生提出的公益资本主义模式，实际上就是更多地赞成在目前的现代化中注入更多的公平和考虑多数人的元素。资本主义和社会主义就是在公平与效率，多数人与少数人之间找到平衡发展的。从生产关系角度，社会主义更强调多数人的发展；资本主义更强调个人的权利，但也必须关注多数人的感受。我理解的社会主义，是建立在民主、法治基础上的多数人主义。总的来说，资本主义、社会主义的发展模式各有所长，既有自己的特点也有自己的局限。所以，两种模式要互补、融合，东西方也都需要改革和调整。

与此同时，现代化也绝不能简单等同于工业化和城市化。很长时间以来，人类现代化是以欧洲和美国为主要参考系的。作为发展中国家，特别是东方的亚洲国家，我们并不真正洞悉欧美国家和社会发展的历史，不清楚其现代化的深层次原因以及相关的综合性因素。我们能看到的最直观的就是工业化和城市化，但这些很大程度上是现代化的成果，而不是原因。过度依赖城市化和工业化会带来一个极端的现象是：乡村社会的凋敝、萎缩，以及人类情感与思想的迷惘和失望。福武先生和我谈到现代化的困境时，特别强调要重视乡村的价值。农业是经济发展的基石，乡村是文化传承的主要平台。对此，我也有很深的感受，现在的城市人只要有机会、有假期，很多都会选择到乡村去暂居度假，表面上看是看重那里的田园风光、清新空气和乡味土菜，往深里挖掘，其实是一种文化上的依恋。我总是说，我本人就是一个“乡里人”，一年不去乡里住一段都觉得难受。我也经常会在乡里召集会议、进行写作，那里的宁静和传统，是我的根与精神家园。在与国际慈善家族的交流中，我发现洛克菲勒这样的大家族，他们的长居地并不是纽约之类的大都市，而是自家在乡村小镇的祖宅。所以，城和乡不应该有泾渭分明的标签，更不应该因为制度、政策形成富有与贫困的分别。未来，城乡一体的现代化才具有美好前景，而这个方向也应该是新现代化的重要方向与内容。

（二）走向共享的新现代化

无论是从现代化的发展进程，还是现代化发展的道路与模式推演，我似乎都看到了一幅相同的未来图景。在此，我用下面的图把它呈现出来，以便更好地解释这一进化过程。

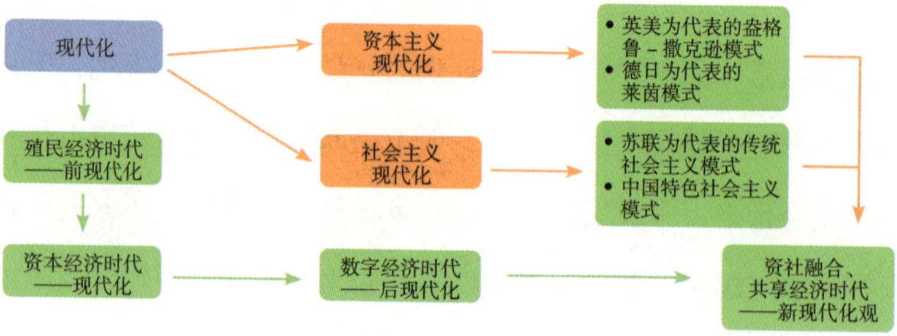

图 1　现代化的演进过程

图 1 中的橙色线段和图形是按照生产关系不同产生的不同现代化发展模式与道路的分化。随着社会的发展，两种模式必然走向相互融合、相互学习的局面，两者都在吸取对方模式长处的基础上实现了进化发展，它们的这种进化必然会导致新的现代化的产生。而绿色线段和图形是按照生产力发展界定的不同现代化阶段，从最初的殖民经济，到资本经济，再到目前数字经济阶段，呈现了完全不同的时代特征。在进入以共享为特征的时代后，生产力的纵向进化也必然会指向同样的新现代化观。

通常来说，新的时代意味着新的秩序，而资本时代建立的规则，在新的时代也需要进行修改。以主权货币为例，现在全球有 70 亿人口，230 个国家和地区，联合国承认的会员国也有 195 个，虽然有 8 种全球货币，但美元仍是全球占比超过 6 成的主导储备货币，这种状态肯定是非常不合理的。而我们现在所处的数字经济时代，数字经济的特点是透明、高效，其核心是数字货币。谁拥有发行权，就拥有国际秩序制定权。其主要表现是提高支付能力的速度与效率，并在供需交互的过程中，保持支付体系的效率性和权威性。因为数字技术的更新，人与人之间的距离几乎为零，数字基础设施的建立与掌握成为新的规则来源。以 5G 作为标志、以华为为代表性企业的新时代已经展现在我们眼前。当数字经济得到极大发展后，将带来一个新的共享经济时代。他们不仅仅是协同消费，或者是通过合作的方式和他人共同享用产品和服务，而是以共享为目标实现各种权益保障，并因此实现人与人新的政治保障的一系列治理问题，这个时代所拥有的现代化观也应该是一种“新现代化观”。

2020年初以来，肆虐全球的新冠肺炎疫情让我们深刻认识到，传统的西方现代化观已经不能适应当今时代发展了。新时代需要新的现代化观。我们看到，西方现代化及其现代化观，已经严重受制于资本、集团利益，给世界带来了财富疯狂增长，同时更带来了财富严重不平衡、环境破坏、生态污染、大气变暖等危及人类发展的严重问题。如果不进行深刻的反思，探索新的现代化道路，全球经济社会就难以实现可持续发展。对此，中国率先提出了物质文明、精神文明、政治文明、社会文明、生态文明等五大文明并举的发展观念，倡导“绿水青山就是金山银山”，人类只是自然的一部分等理念，将会不断成为人类的广泛共识。所以我认为，新现代化就应该是立足地球面向宇宙的，立足今天面向未来的，立足人类面向自然的万物共生、天人合一的现代化新体系。

我的家乡在湖南益阳桃江县。20世纪80年代初，我在湖南师范大学上学时，社会上曾经流行过一首由20世纪30年代著名作曲家黎锦辉先生作曲、邓丽君女士演唱的关于我家乡的歌，叫《桃花江是美人窝》，这首歌风靡大江南北，至今记忆犹新。40年之后的2019年，由我作词、陈越先生谱曲的《送你一条桃花江》的歌曲问世。它不但诉说了我对家乡的爱与深情，也是我希望通过音乐这种艺术作品的超越性来传播人类对共享美好世界的向往之心。而“新现代化”的过程，也必将是一个更开放、自信的过程，是走向共享的过程。

2013年，我曾经先后出版了两本小册子——《走向共享》和《让资本走向共享》。这两本书阐述了我当时对共享以及资本与共享的初步认识。现在回想，这两本书的思想萌芽到形成的过程有3个重要的时点：我第一次谈到共享是在2012年秋天，当时是在岳麓山下枫林宾馆由湖南师范大学周秋光教授主持的一次中国慈善史研讨会上，我应邀做了一个主旨演讲，题目就叫《慈善就是共享》。2013年5月，我应邀访问哈佛大学肯尼迪学院，做了《超越左右，追求共享》的演讲，对共享思考进行了政治哲学方面的阐述。从美国回来的第二天，我应邀到中山大学的怀士堂[①]为各地的慈善理论家们做报告，演讲的题目是《走向共享》，正式把它作为一个议题和口号进行了具体阐释。

作为一个总结性的概念，共享既是一种理念，又是一种实践；既是一种目标，又是一种过程。我理解的共享，是人与人之间、人与自然之间的一种共生、共存、共发展的关系。以共享为核心的理念，既可以解释中国乃至世界当前和未来的一些具体问题，也可以帮助我们梳理思路，找到社会发展，或者说找到怎样推动社会发展的方向感。2015年，中国共产党第十八届五中全会提出了“创新、协调、绿色、开放、共享”五大发展理念，并特别强

① 怀士堂是中山大学的一个知名的演讲礼堂，是当年孙中山先生做过演讲的地方。

调共享是中国特色社会主义的本质要求。在我看来，中国在国家的发展战略中用浓墨重笔写下共享、分析共享，从根本上回答了为了谁发展的问题，让我更坚定了自己一直思索、研究的“共享是新现代化发展目标”是正确的。

（三）新现代化的重要内核：人的现代化

人的现代化是一个历史过程，也是人类社会永恒的主题。人类在发展过程中，不同时期对人的现代化提出了不同的期待与要求。

在人类历史上曾出现过“神为本”的观念，那时神绑架了人，更确切地说是教权和王权用神的名义绑架了人。人要摆脱神的奴役，产生了人文主义思潮，所以才有了文艺复兴、宗教革命、启蒙运动等，使人成为社会的主体。现代以来，世界又出现了“物为本”现象，资本、财富、科技甚至某种商业模式这些人创造出来的东西反过来把人给控制了，人又成了物的奴隶，这就使得社会本末倒置。不管是以神为本，以人为本，还是以物为本，都得有人的存在。否则，神绑架谁？物又去奴役谁呢？总之，人的自由才是根本。离开了人、离开人的自由，谈现代化便是缘木求鱼，都是徒劳的。

所以，新现代化除了物的现代化，还包括人的现代化。而新现代化的核心必须坚持以人为本，也就是要实现对人的现代化的全新定义。如果离开了人，哪还有什么文明呢？如果离开了人，哪还有什么文化呢？无论科技进步发展到什么程度，也不论机器人有多大的作为，最终还是要靠人来找到意义，否则这个发展就没有意义了。

对人的发展，我有两个基本假设：其一，人生而平等，所有人一出生，权利和义务都是平等的。人权天赋，这是人类一种朴素的追求、美好的愿望。其二，世界没有十全十美的人，虽然完美是我们追求的，但是实际上每个人都是有缺陷的，在生理状态或精神状态上多少都有不完美之处。我曾经开玩笑说："其实我们每个人都是残疾人，都是不健全的。"数字经济的时代，实际上是一个共享的时代。那么在共享时代中，人生而平等的同时，又要面对人又都是有缺陷的现实，所以在这个时代人存在的价值最终将由社会的需求所赋予。

我认为，在农耕时代进入到工业文明的过程中，把人作为劳动力，一个重要的分类是从肢体健全的角度进行定义的，首先会把人分为残疾人和非残疾人，因为只要你生理状态和能力正常，把一个农民变成工人能够从事流水线生产，也许培训 3 个月就可以完成了；但在数字经济时代，肢体和生理状态差异的影响越来越小，知识结构和智力能力的差异越加凸显，所以想把一个工人变成一个编程工程师，难度巨大。

而在资本时代，通常对人的分类是按照资本的占有进行划分：一个很简单的标准就是区分为有产者和无产者，一个人对生产资料占有的多少和程度决定了他的社会地位和贡献。但同样在数字经济时代，无产者、有产者会变成相对的了。大多数人都可能是无产阶级，不需要有什么产，有享就可以了。我要汽车干吗？有汽车坐就可以了，我要房子干吗？有房住就可以了。特别大的有产者也不会痴迷于私人占有，而是利用更多的生产资料主导社会创新与创造。

所以我预测，人们的新现代化观与以往的观念相比，有 3 个最大不同：一是残疾人和非残疾人的概念在一定条件下将会取消；二是有产者和无产者之分也将会在一定的原则下趋向淡化；三是未来社会在不存在歧视的前提下，对人可能重在有用者和无用者之别。所以这里面，有用、无用的标准并不以肢体健全为依据。肢体健全、大脑空空并不一定有用；反过来说肢体有残缺，但脑子好使、专注、对类似数字的某一领域具备特别的敏感，可以从事不可替代的职业与专业，这个人就能成为有用者中的佼佼者，与身体健全残缺无关。

我以上所畅想的一切并非全是空想。我的老朋友郑卫宁领导的残友运动 20 年就是对这一预测最好的明证。他建立的残友集团和残友事业不但累计实现了 25 万多名残疾人的成功就业，而且充分发挥了他们的优势和才智，主动进入高新技术产业，让他们自食其力，有尊严地融入社会，可持续地贡献社会。残友集团的实践是把社会组织、社会企业和基金会打造成三位一体有机整体的最佳范例。在互联网经济领域和新领域，无论是电商平台还是生物技术，残友体系都能成功地把一个个平台推进到新的高度。他们充分挖掘了残障人群的优势，使之更适合数字经济时代的发展，成为有用者中的重要组成部分。残友集团打开了人的现代化的重要视窗，残友体系是新现代化思想实验的突破口，而残友运动本身则是人类共享文明的实验室。

四、21 世纪慈善：打开新现代化大门的金钥匙

通过对现代化的进程与方向，现代化的道路与模式的分析和研究，我们不难看出要建成我们需要的现代化，必须解决好做蛋糕与分蛋糕的问题。而慈善主导的第三次分配方式，通过社会力量主导的、资源和财富在不同社会群体间趋向更均衡的微循环，阐释了让资本走向共享的实践内涵。在以共享和数字经济为特征的新现代化时代，传统慈善已不能适应社会发展需要，21 世纪慈善将成为打开新现代化大门的金钥匙。

（一）新现代化时代的慈善：21 世纪慈善

数字经济时代也就是共享时代的新现代化，对慈善的发展也提出了新的挑战。为适应这一挑战，以我为核心的华民团队在不断深化对现代慈善的认识的基础上提出了 21 世纪慈善的概念。所谓 21 世纪慈善，就是以 21 世纪全球发展为目标，融合不同文明成果，用慈善的方式参与国际政治、经济、军事、社会、文化、民族、环保、太空等领域协同发展，推动全球用共享治理资本，让资本创造的财富为多数人所共享，为实现全球共享发展而

不懈努力的现代慈善形态。

2018 年 1 月 10 日，卢德之博士在第四届东西方慈善论坛（夏威夷）上以《21 世纪慈善与全球共享文明建设》为题发表演讲

21 世纪慈善发展的方向就是充分体现新现代化的共享本质，用共享来解释和丰富现代慈善。所以，21 世纪慈善将是世界慈善文化大融合、大发展的世纪。21 世纪慈善是人类创造的一种新的慈善文化——共享慈善文化——捐赠人与受助人共享慈善文化的过程，也是全球慈善文化交流、融合与超越发展的过程。

在 21 世纪的新时代，公益慈善应该有四大趋势：一是全球化，在人类命运共同体时代，慈善必须全球化，同时在全球化过程中要坚守我们自己的文化基因和民族特色；二是人性化，公益慈善具体落实到人，人处于主体位置；三是科技化，这是不可回避的趋势；四是法治化，每个国家有不同的文化背景和法律环境，必须将法治逐步与全球最先进的法律体系相融。

（二）21 世纪慈善的探路石：华民慈善基金会的共享之路

我历来主张知行果合一。随着对资本精神认识的不断深化，我决定学习我的老乡袁隆平先生，在不断深化对资本精神探索的同时，成立华民慈善基金会，在“社会的试验田”中开展改造土壤、培育良种的实践，实现资本精神、共享理念与自愿性慈善的行动和实践的结果的结合。

第一，建设知行果合一的华民机构。在慈善业界，提起华民慈善基金会，不少人都会说华民是一家研究型的基金会。也有人质疑，说华民自己做项目，是一家操作型的基金会。而我希望华民慈善基金会能够成为一家知行果合一的基金会，做 21 世纪慈善的探路石。与其他基金会一样，华民慈善基金会从设立之初，就有自己明确的指导理念和价值观，就明确要按照我提出并阐释的资本精神理念进行构想和制度设计。随着理论探讨的深化和实践的开展，以我为核心的华民人进一步提出并阐释了资本精神、资本共享、21 世纪慈善和共享文明等理念。基于此，华民慈善基金会 12 年来，不忘初心，致力于探索中国特色社会主义慈善事业和全球 21 世纪慈善事业的发展与进步道路，努力构建一个体现企业及企业家履行社会责任的慈善平台，为推动中华民族伟大复兴和人类共享文明发展做出积极的努力。

第二，培养有“三心”的慈善人。慈善事业的发展离不开慈善人的参与和贡献。慈善事业要有玻璃做的口袋，就必须培养有“三心”的慈善人。我曾无数次在华民慈善基金会的内部会议上，跟华民员工探讨什么样的人才能成为慈善人，什么样的人才能成为华民人。十多年的慈善实践让我深刻地认识到判别一个人是不是一个够格的慈善人，要看这个人是否拥有“三心”：首先从主观上要有感恩心。没有感恩心的人做不了慈善。从大的方面说，要感谢这个社会、感谢人类；从身边来说，也要懂得感谢自己的父母、自己周围的人。所以那首歌《感恩的心》是有道理的，应该是慈善人唱的歌，没有感恩之心的人，不管具体从事什么工作、担任什么职位，最好都不要留在慈善行业里。其次要有敬畏心。一个对信仰没有敬、对规则法律没有畏、在为人处世上没有道德底线的人能做什么慈善呢？最后要有公益心，慈善人的所作所为要出于公心，而不是自私自利地只考虑自己。这“三心”是我多年做慈善工作的体会，也是收获。我认为没有这“三心”的人，就不要进入慈善这个行当。我甚至认为我们要挂一块牌子，没有“三心”的人禁止入内。升官发财，请走别路；自私自利，莫入此门。慈善行业是缺人才，但宁缺毋滥。不能让没有“三心”的人伤害慈善事业，影响慈善大局。慈善人要做到学、习、修。学，就是要博览群书，丰富自己的见识，积累自己的文化底蕴；习，就是要实践，提高自己做事情的能力，检验自己的见识；修，就是要在学习和实践的过程中，不断反思、总结和升华。做慈善是一个过程，是人生的一部分，多学习、多思考，时刻牢记慈善人的“三心”，慈善会做得更好，人生就会更加璀璨。

第三，打造推进共享文明的华民学派。共同的慈善理想、共同的共享追求，使华民慈善基金会形成了以华民现代慈善研究院为核心，以北京师范大学中国公益研究院资本精神研究中心、美国罗格斯大学华民研究中心、湖南师范大学共享思想研究中心为依托的研究力量。大家聚焦我提出并阐释的资本精神、资本共享、21 世纪慈善和共享文明的主题，植根于华民慈善基金会的法人治理和项目运作实践，集思想研究、资本研究、慈善研究与服务探索于一体，逐步形成了以资本精神为核心的财富观、以 21 世纪慈善为核心的慈善观、以共享文明为核心的文明观组成的理论体系和学术框架，完成多项国家及省部级科研成果，发表相关学术论文百余篇，出版相关学术著作十余部。我本人也在深入研究现代慈善的纯粹性、民间性、组织性、基金性、法治性和志愿性等 6 大特质，慈善运行的诚信、专业、规范、透明和高效等 5 大原则的基础上，提出并论证了 21 世纪慈善的“三愿”（纯粹慈善、尊严慈善和幸福慈善）、“三忌”（忌政治化、商业化和娱乐化）、“三家”（职业慈善家、慈善职业家和慈善理论家）、“三治”（德治、法治和圣治）和“三公”（公权、公益和公民）等 5 个“三”理念，先后出版了《论慈善事业》《走向共享》《让资本走向共享》《资本精神》《论资本与共享》《论共享文明》等多部专著，其中《资本精神》《论资本与共享》《论共享文明》英文版以“资本与共享三部曲”形式在美国夏威夷举行了首发式。具有华民风格的21世纪慈善理论脉络逐步形成，以推进共享文明为己任的华民学派也初具雏形。

第四，开展探索社会创新的品牌项目。基金会特别是以个人出资为资金来源的非公募基金会，天然就有着为政府不能为、市场不愿为的社会创新探索的使命。从华民慈善基金会推出的大学生就业扶助项目来看，融教育、就业和扶贫于一体的创新型模式，为一部分家庭经济困难的大学毕业生，奉献了一把融冰化雪的薪火，坚定了他们的自信，照亮了他们的前程。同时基金会与80余所合作高校和数百名专业志愿者一起，深入研究贫困大学生就业问题，打造精品就业培训课程，搭建个性化就业服务平台，形成了现金资助、就业培训与就业服务相结合的大学生就业支持体系，为国家教育部、人力资源与社会保障部相关制度和政策的出台提供了参考。

（三）新时代公益发展的四大趋势

当今的世界，既是一个追求和平与发展的世界，也是一个多种矛盾交织、问题频出的世界。伴随21世纪知识经济发展出现的后工业时代，将从制造业和劳动力转向信息和人工智能方向，全世界慈善的发展所要面对的机遇与挑战也同在。这次新冠肺炎疫情以及21世纪以来威胁全人类的众多大灾大难都向公益慈善发展提出了新的要求，而新时代公益慈善全球化、人性化、科技化、法治化的四大趋势也益发凸显。

第一，慈善的全球化。在人类命运共同体时代，“山川异域，风月同天”。特别是在大灾大难面前，全世界的慈善人应该首先联合起来，共同应对。2020 年初以来，面对未知的全球性新型疫情，国际社会已经形成共识，这是一场全人类的战争。中国人民在中国共产党全面领导下，全国驰援武汉，才有了今天疫情防控的形势。而对于世界其他国家的疫情防控，中国也在积极支持和给予帮助。全球疫情，需要世界各国的协同抗疫，争取早日全面战胜疫病。

第二，慈善的人性化。公益慈善必须具体落实到人，让人处于主体地位。慈善人面对的是社会的弱者，是物质上、精神上或者身体上最弱势的人，而不是物质上、精神上或身体上最强壮的人。只有用心地温暖呵护，只有符合人性的及时的专业服务，才能使他们回归主流社会。

第三，慈善的科技化。时代发展、社会进步，公众对公益慈善的关注度越来越高，如何精准快速透明地满足公众期待，科技化是公益慈善发展不可回避的趋势。慈善是装在玻璃口袋里的事业，如何强化管理规范运作，运用创新和高科技手段，回应现实关切和公众诉求，已成为新时代每一个慈善组织必备的基本功。当慈善成为事业，成为文化，当慈善基金会的规模上亿乃至数十亿时，就更加要求人们严格遵循符合客观规律的科学发展的轨道来不断推进慈善事业。慈善事业要实现科学发展，既要有科学的理念，又要有科学的方法，以利于发挥出它的最优功效。科技化是公益慈善事业专业职业精神的保证，是我们公益慈善人应该坚持的，绝对不能放弃的。公益慈善的发展应建立在科技化的基础上。

第四，慈善的法治化。公益慈善发展全球化、人性化、科技化的实现，都离不开法治化的保障。公益慈善发展不仅需要道德的引导，更需要契约精神和法律力量的支撑。只有加强慈善立法、强化慈善契约意识，才能提高慈善组织的公信力。每个国家有不同的文化背景和法律环境，必须将公益慈善发展与法律环境改善相融合，互相促进，共同发展。

人们经常用“前浪”“后浪”形容事物发展的规律，但我认为，不管是“前浪”“后浪”，在时代的巨浪面前，都是浪花；无风不起浪，“前浪”“后浪”不重要，关键是看风从哪里来，往哪里去。因此，我们必须找到风口，看清风向；在时代的大风口下，中国公益人必须乘风破浪，完成使命。当前形势下，新冠肺炎疫情使本就面临挑战的全球化出现了暂时的低潮，但新的全球化潮流不可阻挡。面对突如其来的新冠肺炎疫情，中国公益慈善行业响应迅速、成绩斐然，但也存在专业能力和经验不足以及协调能力不足的问题。华民慈善基金会作为一家全国性的非公募慈善基金会，积极应对，勇于担当，按照“全球做公益、做全球公益”理念，采取社区防控、物资捐赠、国际协调、歌曲制作、经验分享、就业服务等多种方式和手段，参与到疫情防控中来。华民慈善基金会与福武先生联合行动，协同倍乐生中国、美国东西方慈善论坛、德国中国商会、清华大学教育基金会的力量，共同助力湖北疫情防控。在欧美和海外国家的疫情扩展和严重之后，华民与美国洛克菲勒基金会、福特基金会、韩国潘基文基金会等海外民间组织合作，国际捐赠的国家和地区包括菲律宾、美国纽约市政府及罗格斯大学、非洲、墨西哥、巴西，累计物资折合人民币达3000多万元；华民还帮助有需要的国家和地区进行物资协调的联络工作，再一次借助华民和我个人在国际慈善领域的影响力和资源整合能力，以华民做信用担保，为包括韩国、菲律宾、美国、英国、德国、意大利、西班牙、比利时、捷克、澳大利亚、肯尼亚等国家在内的20多个国家和地区协调了超过20亿元的抗疫物资。

面对当前严峻的国际国内形势，中国公益慈善应当承担起补充作用、协同作用和引导作用，而要实现这一历史使命，中国公益人要坚定感恩心、敬畏心、公益心，建设现代慈善的全球化、人性化、科技化和法治化，打赢防疫抗疫的陆战和脱贫攻坚战。面对新冠肺炎疫情这一全球性传播疾病，全世界慈善人应率先达成共识，开展联合行动。公益慈善组织应该在人类慈善事业和共享文明建设中发挥更大、更好的作用。在这里，我再次呼吁全世界慈善人联合起来，探索和实现更加符合共享发展的新的文明形态——共享文明。

2020 年 3 月，华民慈善基金会联合倍乐生（中国）公司向湖北武汉民政系统捐献抗疫物资

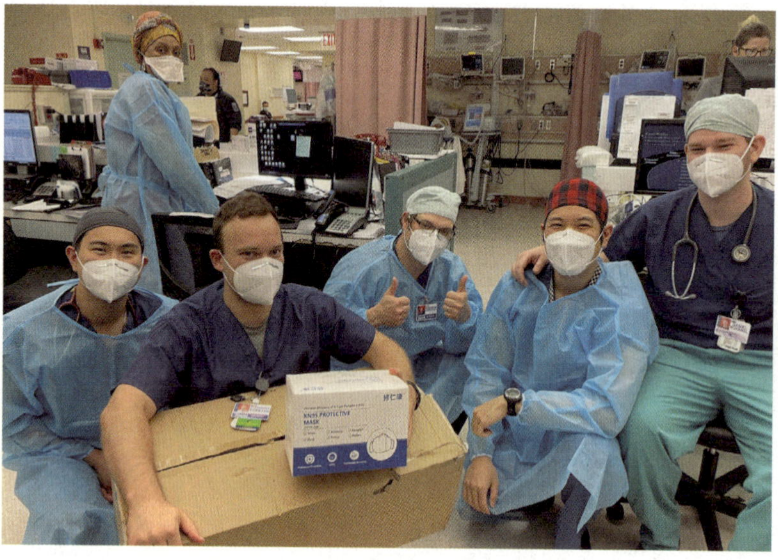

2020 年 6 月，华民慈善基金会通过纽约市政厅向当地公立医院捐赠抗疫物资

2020 年 6 月，华民慈善基金会向墨西哥捐赠新冠抗疫物资

2020 年 7 月，华民慈善基金会向埃塞俄比亚捐赠抗疫物资

Chaptor 04 | 第四章

新文明观：共享文明下的包容性发展

一、何谓共享文明?

不久前，我了解到一些西方政治精英最近经常讨论的一个观点是，一些后发国家在拥有强大的经济实力后，开始寻找属于它们自己的哲学和文化。日本作为经济上的先行者，产生了像福武先生这样关注人类发展与文化传承的人；而随着中国经济发展，中国也会有越来越关注国际秩序与文明升级的人。这些人共同的特点就是，拥有足够前瞻而不受既往束缚的想象力，去畅想理想中的人类社会。我认为，人类发展到今天必须建立起新的共同的文明，我暂且把它称为共享文明。在对共享文明进行系统思考前有必要先厘清基本概念，比如，什么是文明，文明与文化的关系，以往人类文明大体形态，等等。

（一）如何理解文明

对文明概念的学术讨论很多。我认为，文明是一个统合性概念，是指不同时代涉及物质、精神方方面面的总模式或模板。而文化则是主要指社会大系统中的精神文化子系统。[①]

总之，人类历史经历文明形态很多。从生产力进化角度看，我们常会分为游牧文明、农业文明、工商业文明、后工业文明等；从文化角度看，有基督教文明、儒家文明、伊斯兰文明等；从地域角度看，有东方文明、西方文明等。

无论是东方文明还是西方文明都各有自己的优点和不足，但总的讲都强调对人权的尊重。因为离开了人这个主体，文化就失去了价值，就不叫人类文明。比如，外星人也可能有他们的文明，我们如果去探究这种文明，更多的是去满足人类的好奇心或者寻求人类的过去与未来的某种可能性罢了。

（二）什么是共享文明

我在《论共享文明》一书中曾经给共享文明下了一个学术定义：所谓共享文明，就是当今人类共同创造、共同认同、共同拥有的现代文明形态，是人与自然（太空）、社会及人本身所有关系核心价值的总和，是人类在现代生产、生活中形成的共同遵循和促进全球化生产、生活需要的国际秩序、制度设计、文化教育、生活习性等文明的集合。

共享文明是一种建立在人类追求共享目标基础上的高级文明，也是一种属于全人类的文明，是人类迄今为止能够生存的多

① 对此也有一种认知：文化大于文明，文明是有规则的文化。

种文明“单曲”融合的文明“交响曲”。历史已充分证明，人类现存的文明，想取代谁、战胜谁都已不可能，唯有在互鉴的基础上融合，在融合基础上升级成新的“交响曲”式的文明，才是新时代的新文明——这就是我所称的共享文明。

共享文明是一种人类精神，即“人们把共享作为社会生活的重要形态与个人价值的重要实现形式——既是人类的远景，也是人类的近忧”。[①] 这既是人类个体的行为动力和价值选择，也是人类共同的制度安排和社会运行方式，与人类总体命运密切相连。共享文明与人类命运共同体相随相成，建设人类命运共同体必然建设人类共享文明，建设共享文明会促进人类命运共同体的形成。

必须重视的是，任何一种文明离不开经济基础。数字经济是共享文明重要的经济基础，数字化转型是建设共享文明的重要推动力。而5G则是数字化转型的重要起点。这正是当下国际社会热议5G的深层原因。

（三）共享文明的外延：三个新视角

共享文明这一概念的提出会推动人类一系列思想观念的更新，但作为一种新的文明建设并非一蹴而就的，而是一个漫长的过程。这个过程将会促使人类许多新观念的产生，而人类又会反

① 卢德之:《论共享文明——兼论人类文明协同发展的新形态》，东方出版社2017年版，第9页。

过来借助这些新观念认识世界，甚至以这些新观念为工具推动共享文明的建设。我们在这里提出推动共享文明的“新三观”，即新时空发展观、新人本主体观、新物质精神观。

第一，新时空发展观。现代科技的进步和人类自身的发展使人们的视野在不断扩展，对时间、空间的认识也随之不断深化。我们认为，新时空发展观念包括 3 个方面：一是时空伸缩观。时间和空间都为变量，时间改变导致空间变化，空间变化会带来时间改变。比如，过去从中国到美国坐船需要 1 个月，现在坐飞机只需要十几个小时，将来乘坐更高速的飞行器也许一两个小时便够了。相对时空在缩小，绝对时空在扩大。二是时空多维观。时空是多维的，这已被现代科技所实证。我们常常说的三维是空间，而时空便是四维。霍金则推论了十一维空间的存在，而这些存在则是客观和谐地共享着，其里面的生物，特别是高级生物如不能和谐共享，那就一定会出现宇宙大乱的局面。三是时空主客观。时空不仅有外部的客观存在，还有我们内心对时空的主观感知。而无论是客观时空还是主观时空又在不断改变中。变是常态，是本质，在变中寻找规律，追求相对稳定的主宰者，共享就是最重要的主宰者。当然，共享也是最重要的变的推动者。

第二，新人本主体观。人类社会必须以人为中心，所有的发展都应以保证人的生存发展为前提，这就要求人类处理好人与神、人与物的关系。历史上，人曾与神做过不懈的斗争，经过几千年博弈之后，人与神总体上分离了，但与物的关系却更加复杂了。比如说，人与资本的关系，资本是人创造的，但很多时候反过来把人给绑架了；比如说，人与商业模式的关系，现在一些商业创新的确给人们生活带来了便捷，问题是许多劳动者也因此而失去了工作，这就出现了问题。人们希望生活更便捷，欢迎新的商业模式（如阿里巴巴）的出现，可又不愿意失业，因为人除了吃饭还要做事，即使到了人类社会发展的高级形态，劳动也将是第一需要，二者之间的度在哪里？矛盾怎么处理？人与科技发展的关系，特别是生物工程、人工智能的发展与人的生存发展的关系就更加值得关注了。例如，一个人换了人工智能大脑、心脏、肾脏等器官，这个人还是他吗？再说如果这个人有钱，他像汽车换零件一样，不断地把各种不好的器官换下去呢，那他不就可以永生吗？要知道追求生存是人的本能，但这就涉及一系列的伦理问题了。

人本主体观要求以人为本，是主张以人为中心构建人类社会，但又反对把人凌驾在万物之上。人与神、人与物（包括大自然）必须和谐相处。

第三，新物质精神观。什么是物质？传统哲学告诉我们，物质是指在人们意识之外独立存在又能为意识所反映的客观存在。物质是不能被创造和消灭的，世界上各种事物的存与亡，只是物质具体存在形态在一定条件下的变化。物质是运动的，运动是有规律的，物质决定意识，意识反作用于物质等。但现代科技发现宇宙中 90% 的是暗物质，人类靠自身的器官对暗物质看不见甚至感知模糊，但这些暗物质是客观存在的，那它到底是物质还是意识？再如我们常说的能量是物质还是意识？也许在三维状态下物质对意识（精神）起决定作用，但在N维状态下呢？物质与精神的关系就存在复杂性、多样性。根据《开启你的高维智慧》一书的作者刘丰的论证，高维的意识能量（精神）是可以驾驭低维的物质能量的。高维精神能量驾驭低维物质能量需要两个条件：一是要有足够的高度；二是不断地提升其纯度。这与韦伯通过强化价值理性而优化工具理性的原理有异曲同工之处。共享是人类至高理想与目标，以共享文明驾驭人类发展，人类命运共同体一定会越来越引领社会良性运行。

二、人类社会发展的困境与博弈

我们已经谈到了共享文明的基本概念，以及这些概念的诞生将引发人们思维观念的改变，而这种改变又将促进共享文明建设。下面，我们将从人类面临的一系列问题中寻找建设共享文明的必要性。

（一）人类社会大变局引发的思考

当下，有个很热门的词叫“百年大变局”。实际上百年大变局只是大体概念而已，在我们看来应是几百年甚至是几千年变局。变在哪里？变在一切。从联合国庄严的殿堂到菲律宾偏远的乡村社区，从纽约、上海、东京摩天大楼到孟买拥挤不堪的贫民富，从人到自然，从精神到物质，一切都在变化！变的方向在哪儿？我们的判断是，人类社会走向共享是唯一的方向！换句话说，人类社会正进入一个以数字化为特征的走向共享的新时代，或称为共享时代。

推动共享时代到来的主要有3大力量，我称之为3大推手：科技、资本和人文。

首先讲科技。英国十六七世纪哲学家弗朗西斯·培根提出“知识就是力量”时，人们还有些懵懵懂懂的。当瓦特改进蒸汽机以后，工业革命如喷薄而出的一轮红日照亮大地，创造了空前的生产力和财富。这让人类对科技产生了极大兴趣和崇拜，也让人类第一次感受到能主宰自己命运的自由与兴奋，科学、理性、创新等成为现代社会的主旋律。到21世纪的今天，知识快速发展迭代，科学技术日新月异，被誉为中国“新四大发明”的高铁、移动支付、共享单车和网购，佐证了人们生活方式的革命性变化，人工智能、大数据、云计算、区块链、5G等概念甚至成为越来越多人日常的闲聊话题。不知不觉中，一个由新知识和新技术编织成的网络在人们脚下赫然成形，而且还在朝气蓬勃地生长、拓展，甚至日益智能化。人在网络中获得了前所未有的自由的同时，也不可避免地受到束缚。这一网络既是人类的文明成果，也是人类发展进步的基石，引导大家创新发展，向自由王国飞跃，又让人们守住底线，捍卫发展成果。否则一旦网破了，全人类都要坠入万丈深渊。

资本发展到今天，我们已经看到的事实是，资本在创造财富的过程中，制造了两极分化，又瓦解了两极分化。资本首先强调效率，适者生存的竞争导致了优胜劣汰，肯定会出现两极分化。但是资本为了继续发展必须解决两极分化，否则，大面积赤贫会造成巨大的社会鸿沟和隔离，最终会成为资本的掘墓人。印度"圣雄"甘地当年倡导的"非暴力不合作"运动，就是主张回到自给自足的传统经济模式，彻底不跟资本玩了。这种釜底抽薪的做法，是资本无法承受的，必然想办法解决自身造成的问题，才能保证资本的持续发展。总之，现代资本制造了富人和穷人的鸿沟，它又不得不以其理性把二者拉到一起平和相处。

人文的重要性，一直是人们思考的一个重点。首先，我们看到的是，东西方思想家们观察宇宙和世界的总的逻辑在改变。几千年来，东方人观察宇宙与世界更多是从整体出发，强调"天人合一"，也就是站在一个相对模糊的高维度观察低维度，审视世间万物。而西方人则是从人这一个体出发，不断从外空探求，以至到了爱因斯坦、霍金，人类对外太空的认知到达了前所未有的高度。如果说，把东方人对宇宙的认知叫自上而下，那么西方人对宇宙的认知可以叫作自下而上，东西方思想家们应该把人类认识宇宙和世界的逻辑用东西方两种方式结合，形成上下结合的新视体，这样新时代的思想家、哲学家才可能肩负起新时空赋予的使命。其次是公益慈善精神已成为全球文化。公益人更具有世界公民的情怀和意识，世界公益慈善领袖们已越来越得到世界各地人们的尊重。国际慈善间公开行动已越来越有声势，在人类治理中发挥着重要的作用。最后是人类自身的改变。人类寿命延长，让“人生七十古来稀”变成“百岁耄耋不是梦”，“十里不同音”的交流障碍被通用的语言突破。同时，更多人向多语言技能、多专业知识、多职业路径发展，复合型人才受到热棒。更多选择意味着更多自由，更多自由就意味着更多的创造、更多的共享、更灿烂的文明。

经济全球化从殖民经济时代发端，经历了三四百年时间的演进，到资本经济时代，再到数字经济时代。人类从初期横向的波浪式全球化，经历了产业空间布局的腾挪转移，体现了技术应用的不断更新换代，催生了立体的全景式全球化。这是人类新历史的新篇章，是共享时代的迷人旋律，共享文明的高亢号角！

（二）不同思潮带来的挑战

近 10 年来，我以慈善家的身份访问过美国、欧洲，又到访了韩国、菲律宾等国，深感有几种思潮在全球很多地方泛起：民粹主义、保守主义、单边主义和霸凌主义。一些政客为了获得相对多数的支持，操控部分民众把保守主义、单边主义当作旗号对内集权对外霸权，形成霸凌主义。这几种思潮有时常常集于一体，其中以民粹主义和保守主义的声势尤为庞大。

民粹主义是潜伏在人类社会肌体深处的一个“木马病毒”，其本质特征是反精英、反智、反知识、反文化，它并没有清晰一致的政治主张，常常与不同的主义、主张，比如极端民族主义、种族主义、威权主义等相结合。

保守主义则是近现代西方主要政治思潮之一。因历史背景不同和策略需要，保守主义有种种表现形式，但要求维护社会现状和历史传统，反对社会重大变革是其基本主张。

问题是，这些思潮是在今天才出现吗？就世界范围而言，在第一次世界大战、第二次世界大战前就有这些思潮了。为什么会出现这些思潮？回望历史，我们不难发现，这些思潮的出现同样是人类在追求发展时留下的遗憾。科技革命和工业革命带来人类财富剧增的同时，导致了社会的两极分化，贫富差距拉大，与贫富矛盾相伴而生，出现了阶级斗争、种族矛盾、民族矛盾、宗教矛盾等，加之人文方面缺乏应有的认识和引导，于是出现了上述思潮。第二次世界大战通过战争方式把问题基本解决，战后成立了一系列国际组织和机制来防止新问题的产生，比如联合国、世界贸易组织、世界劳工组织、世界卫生组织等，但现在看来问题解决得并不好。当社会财富更加快速增加以后，真正获得利益的是华尔街的金融精英们、硅谷的技术精英们、华盛顿的政治精英们等，广大的老百姓并没有得到更多的实惠。贫富差距继续拉大，社会再次陷入更大的两极化。第二次世界大战后建立起来的这些国际组织与机制经过几十年的运行，终究没有遏制住这些思潮的再现和回归。面对这些思潮的回归怎么办？第二次世界大战后再爆发第三次世界大战？不可能！人类社会将向何处去？除了共商、共建、共享是别无他择的。

（三）大国博弈的出路

大国和各种经济体之间博弈的大剧天天上演。无论剧情多么曲折、复杂，最终大都以“和”为剧终。纵览世界史上大国博弈冲突的全过程，我们可以看到在16次较大规模的大国冲突中，12次是采取了战争方式，4次是采用了其他方式。我们知道大国间的冲突和摩擦不会是一个简单的贸易战、信息战、金融战的问题，也不会是全面的军事战，其更深层的原因是大国内部由于越来越悬殊的贫富差距引发不可调和的矛盾，富人群体掌握的财富和资源越来越多，与此共存的是中产阶级数量大规模萎缩和穷人越来越穷，这些都使得社会不稳定因素加剧，各种社会问题、社会矛盾凸显而且自身无法克服，希望通过将矛盾转移到外部的方式来解决内部的问题。但历史证明，这种通过战争或其他方式解决内部矛盾的方式是行不通的，是失败的。

回到当下，我们发现当前大国之间的冲突和博弈本质是技术和市场的博弈。我个人的看法是，在市场发育初期，技术是压倒性的；但当市场相对成熟以后，就互有胜负。出于文化和制度的原因，西方国家科学技术得到了长足发展和空前进步，天然地获得技术的优势。相比而言，其他国家由于起步晚，再加上需要解决制度、文化因素中不适应、不适合市场发展的因素，科学技术相对比较落后。因此，在前期，技术对大国博弈结果起到了至关重要的作用。但随着市场的发展，西方科学技术的发展与西方国家固有的制度和价值观发生冲突。以共享汽车、共享出租车为例，科学技术的发展为共享汽车、共享出租车发展提供了可能，市场也有较大的需求，但共享汽车、共享出租车的发展会对传统汽车和出租车行业造成冲击，必然遭到汽车行业协会和出租车行业协会抵制。这样，科学技术的发展和应用反而被文化、制度和价值观阻碍。而在中国，高铁、共享汽车、共享单车、二维码等高新技术却得到了充分发展。因此，没有技术，市场可以培育出技术；但没有市场，技术就寸步难行。

而技术和市场的博弈体现的是东西方各具特色的文明之间的冲突和博弈。要在技术和市场的博弈中，达到推进国际和平和人类发展的目标，必须探讨从根本上解决文明冲突的方法。历史学家阿诺德·汤因比认为，西方在经济和技术上影响和征服了全球，但是却留下了政治上的民族国家林立这一世界超级难题，这个政治真空将可能由中华文明来补足。人类的希望可能在东亚，而中国文明将为未来世界转型和 21 世纪人类社会提供无尽的文化宝藏和思想资源。美国哲学家罗素也曾在《中国问题》一书中对中华文明进行了高度评价。他指出：“中国现在有了复兴精神，如果再能阻止外邦为非作歹，就有可能发展一种新文明，比世界上存在过的所有文明都优秀。”

当然，以中国为代表的东方文明也有自身不可忽视的短板。要解决这一问题，就是要实现大国及大经济体之间协同共享，就必须形成一种超越东西方文明并为东西方文明所认同的新的文明。我们认为，这种新文明应该就是文明互鉴、求同存异、百家和鸣、同频交响的共享文明。而要建设共享文明就需要一大批具有人类视角和全球眼光的伟大的思想家、政治家、科学家等大智者的共同努力，这应该而且只能是人类社会的唯一选择。

三、共享文明理论的基本框架

以数字经济为重要基础的共享文明超越了既往的历史文明形态，创新了人类文明理念，必将引领社会未来发展，但其内在理论逻辑十分复杂，需要深入探讨。这里只是抽象出四个论题作为基本框架进行初步设计。

第一，公益资本论。我们提出公益资本论的根本目的，是希望在实践中把资本和公益有机结合起来，在公益性和逐利性之间找到平衡点，倡导资本让渡部分利益给公益，在保证相对效率的基础上，促进资本走向共享。这一理论的价值体现在可以破除一系列传统的神话。一是破除金融寡头神话，实现人人参与资本运作和制度分享。以往，资本被少数人掌控，资本运作成为他们的专利，资本获利的成果绝大部分为他们所享用。这当然造成了社会的极度不公平。公益资本论对此提出新的思考，力求把资本运作与资本收益共享结合起来。二是破解所有权（产权）神话，在一定条件下更强化资本（财富）使用权（享权），而淡化所有权。因为所有权只对市场资格准入有意义，在资本共享中所有权往往会成为障碍。这里要强调的是，我们并不反对所有权（产权）。一般情况下，产权越清晰，经济越发展，而在未来社会，享权越充分，人们生活就越幸福。这些年，大家已逐渐认识到，公益慈善是实现资本共享的主要途径。三是破解阶级资产神话。过去由于强化了所有权（产权），社会就会根据财富拥有多少进行阶层阶级划分。如果资本（财富）长期不共享，就会出现阶层阶级固化，从而造成阶级对立与斗争。

2015年11月4日，卢德之博士应邀访问美国福特基金会，并在午餐会上发表《中国文化与慈善国际化》的主题演讲。演讲后卢德之博士与福特基金会会长吕德伦先生（左一）、洛克菲勒兄弟基金会董事会主席瓦莱丽·洛克菲勒·韦恩（左二）等合影

第二，文化互鉴论。文化没有高低、优劣之分。只有互相学习，互相借鉴，交流融合，并在融合基础上求同存异，升级成新的文明才是方向。20世纪七八十年代，美国学者亨廷顿提出的文

明冲突论曾在西方风靡一时，仿佛成了“真理”。文明冲突论的最大问题是在固化文明条块化基础上认定冲突的根源不是意识形态，而是文化本身的差异，所以文化冲突将主宰全球。这对以后的文化交流与全球化进程都形成了恶劣的影响。中国著名学者滕文生先生用历史唯物主义和辩证主义对文明互鉴论进行了系统探索。他以国际儒学联合会会长的身份用 5 年时间在全球做了数十场演讲，形成了《文明互鉴论》一书，这本书充分体现了中国文化的精髓和东方哲学的智慧。

文化互鉴论最大的意义在于：一是放弃人类中心主义，因为我们一直固守“文化就是人化”的理念，只有把人类自身的活动及轨迹纳入文化视野，而恰恰人是自然的一部分，甚至是从属于自然的，必须重新确立生态主义文化。二是放弃社会达尔文主义，因为人类社会历史的发展一直遵循的是社会达尔文主义，强调“丛林法则”，弱肉强食。三是放弃文化优劣主义，因为我们一直以优劣论文明与文化，其实文化本身只遵循自然适应性原则，即“有用的就是好的”，东西方文化本来各有所长，可以统筹兼用，不必成天想战胜对方。历史表明，当一种文化想战胜另一种文化的时候，不但战胜不了对方，反而失去自己的“地盘”。

文化互鉴，重在交流。比如这 10 年，极具前瞻性与行动力的东西方慈善家及公益界代表们汇聚东西方慈善论坛，参加一年一度的峰会深度交流与互动，提出了一系列具有世界引领性的慈善创新思想，达成了诸多共识，发起了诸多具有国际影响力的慈善联合行动，甚至提出了“全球慈善人联合起来”的口号。这说明文化交流是有意义的，也是成功的。交流中，各种文化背景的人士在互相学习的同时也有妥协退让，最终达成共识的同时，个人友谊得以提升。可见，共享文明是交流出来的，是妥协出来的，共享文明除了规则也需要情感的支撑。

第三，共同发展论。一个国家强大了未必称霸。这在中华文化宝库中体现得淋漓尽致。中国在历史上曾经强大了很久，但历来强调协和万邦、以和为贵。如明朝时期，郑和下西洋远早于麦哲伦、哥伦布发现“新大陆”，但郑和代表朝廷送去的只是友谊，结交的只是朋友。这就是中华文化的魅力所在。

共同发展论主要针对西方某些国家主张的“国强必霸”论提出的。“国强必霸”论最大的问题是，谁强大谁就拥有控制世界的权力，没有平等、丧失正义，加强各国在人才、科技、军事等方面的恶性竞争，导致人类始终摆脱不了自相残杀的战争阴影。

柔和是东方文化的精髓，以柔化刚，和善天下。共同发展论可以破除一直支撑世界体系的三大错误思维：一是“老大”思维。因国际社会组建的特殊性，没有超越世界各国之上的所谓“世界国家”，建议实施主权国家平等的联合国席位制度。二是战争思维。由于第一个思维，争做“老大”成了必然，就有了战争。三是零和思维。在地球资源有限的环境下，国家之间的竞争遵循的是零和博弈，你多我就会少。其实，一个强国如果始终奉行和平发展的理念、互利共赢的开放战略，一定能与世界各国人民一道推动人类共享文明建设。

第四，历史进步论。历史永远不会终结。虽然有时候会暂时性的退步，但退一步之后很可能会前进两步。总的来看，历史一定会进步，会在前进与后退中不断发展。

在20世纪90年代，日裔美籍学者弗朗西斯·福山提出了历史终结论，认为西方资本主义以后，自由民主的理念已作为社会进步的常识而为世人所普遍接受，不论人们所处的社会正处于何种形态，这一人类理论实现进程是不可更改的，这已到了顶峰，所以就终结了。但后来他自己又对这一理论进行了反思，强调历史终结论是一种“弱决定论”，它的普遍必然性指向理念或精神层面，至于它在历史实践中的功能，自由民主的理念仅提供一种政治实践的可能或尝试，并不必然决定历史现实的未来。

我们所倡导的历史进步论，既不是黑格尔式的历史发展循环论，也不是简单的历史发展论，而是认为历史是开放式的螺旋上升，倡导从人自身的进化与完善开始，从而带动社会历史的进步。这样，需要重新破除三种社会历史发展观：一是历史悲观主义，认为人类在科学技术达到疯狂时就自行灭亡。二是历史线性主义，认为人类社会历史发展会一直向前，并且永无止境，“明天一定比今天好”，盲目乐观主义。三是历史替代主义，认为人类社会的发展，是以社会形态的替代为标准，是一种制度与形态替代另一种制度与形态，因而产生新的历史形态，这种替代论伴随着的还有斗争与毁灭，是一种变形的“历史终结论”。

我认为，既然资本主义制度现在遇到了若干麻烦，需要改变，而社会主义制度又需要不断深化改革和完善，为什么不在共享的目标下推动二者互相学习和借鉴呢？

在着眼点上，公益资本论将致力于世界经济秩序重构；文化互鉴论将致力于世界文化秩序重构；共同发展论则将致力于世界政治秩序重构。其中，经济是基础，政治是关键，文明是目标。公益资本、文化互鉴、共同发展三者的协同，会促成历史进步，三者有机统一就是共享文明。在把“四论”有机联结的有两条主线：科学技术发展与人性的改造与完善。它们之间的位置和关系，可以参考下面的简图。

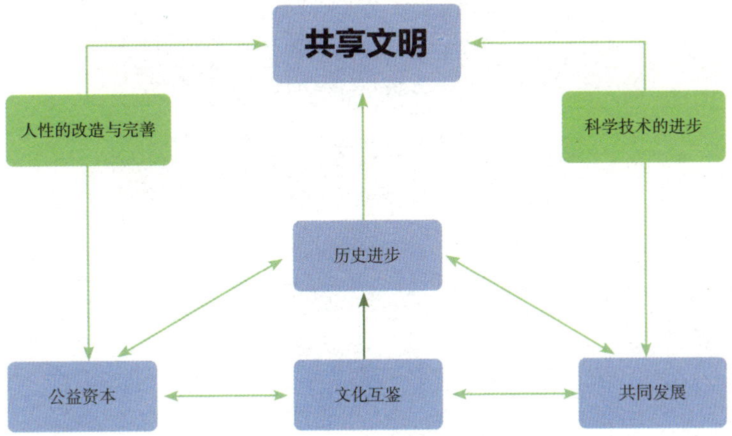

图 2　共享文明内在四大论题与基本框架结构

四、共享文明与全球治理

共享文明是文明的交响曲，而交响乐需要各种乐器同频共振。不管你是拉小提琴，还是拉二胡，也都应统一在同一张曲谱上，不能你拉 C 调，我拉 F 调。参与演奏的所有乐器都必须在同一基调基础上服从统一的指挥，站在指挥台上的乐队指挥更是要统筹各方、顾全大局、合理调度。只有这样，整个乐队才能和谐、协调，奏出的音乐才能动人心弦。为了让大家对共享文明的治理体系有一个更加形象的认识，我想用图的方式来说明一下共享文明这张“谱系”的结构。

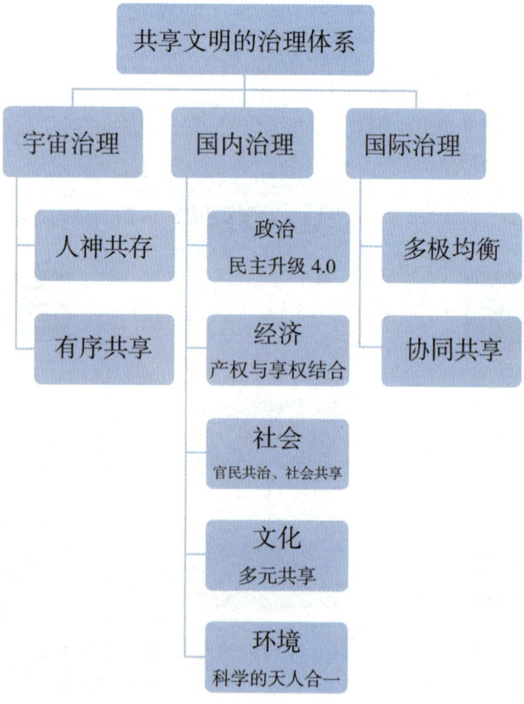

图 3　共享文明的治理体系结构

（一）共享文明治理谱系的内涵

可以看到，图 3 中共享文明的治理谱系在外延上以国内治理为基础，进而延展到国际治理和宇宙治理，它涵盖了人类过去、现在和将来所能认知的全部空间。在内涵方面，共享文明的概念又具象化为以政治、经济、社会、文化、环境为主的各种文明的综合体系。

我们可以看到，在图 3 中轴线上的是作为共享文明基础和基石的国内治理。让我们把关注点首先放在被一场突如其来的新冠肺炎疫情打乱阵脚的世界经济。一方面，以商场、超市、电影、餐饮、交通、零售、旅游为代表的传统经济模式因为不能适应社会需求而遇冷；另一方面，一则标题为《中国正在用“新基建”打响“疫”后经济重建》的新闻，让我们清晰地看到以 5G、人工智能、工业互联网、物联网为代表的新型基础设施建设正扑面而来。一时成为网络热词的“新基建”正是以数字经济为特征的共享经济发展的重要引擎。

与生产资料的所有权掌控下的传统经济不同，数字经济或者说共享经济，为我们带来的是产权与享权结合的全新体验。以共享单车为代表的共享经济新形态，让我们轻松地在数据网络支持下享用了产权不属于自己（而且产权是谁的在这里已经不重要了）的社会资源。这种人们各自以不同的方式付出和受益，公平享有社会资源，共同获得经济红利的共享经济，经 5G 技术的支撑、新冠肺炎疫情的催化，已经成为新一轮资本蜂拥的“风口”。社会财富以共享的方式与多数人发生了关联。如果说互联网改变生活，那么物联网改变的则是整个世界。这种综合考虑了财富和多数人关系、由产权与享权相结合的共享经济，正逐渐成为经济结构转型升级的关键和低迷的世界经济发展的新增长点。

经济基础决定上层建筑，伴随共享文明的经济形态而来的还有共享文明的政治、社会、文化和环境形态。在共享文明的政治形态方面，我们可以从民主的升级演变管窥全貌。如果我们把古希腊城邦的那种有民主、没有自由的民主形态称为民主 1.0 版本的话，那么从英国光荣革命开始的有自由、没有民主的民主形态则可以称为民主的 2.0 版本。而随着社会的发展和民主政治的进步，美国南北战争结束、废奴运动之后建立的民主，虽然兼顾了民主和自由两个方面，却又不幸被民粹主义绑架，我们可以称之为民主的 3.0 版本。显然，民主的前 3 个版本正在逐步完善、发展，但却不尽如人意。人类期待民主 4.0 版本的出现。而随着共享经济突飞猛进的发展，以共享为目标的民主 4.0 版本已初见端倪。全新升级后的民主 4.0 版本是以共享为目标，在民主、自由基础上，坚持以大多数人利益为中心，结合东方文化特别是中国贤人文化中的协商，即共享 + 协商 + 民主 + 自由的新的民主模式。而以这种新的民主为核心，便可以架构共享文明的政治框架。

与共享文明经济形态（产权与享权结合）和共享文明政治形态（民主升级版 4.0 模式）相适应，共享文明社会形态体现的是官民共治、社会共享的社会治理格局。所谓官民共治强调的是“民”的自治和“官”的管理的结合。作为“官”的政府和政府组织与作为“民”的老百姓和社会组织在法治的框架和道德的引领下，分工负责、良性互动，从而推动社会和谐发展和多数人共享的实现。而社会共享所要致力解决的则是如何有效消除社会不平等的问题，如何在大力促进经济社会可持续发展的基础上，推动共享发展。而我们华民慈善基金会就致力于打造一个企业和企业家承担社会责任的平台，鼓励大家通过合法经营成为富人，更鼓励富人通过慈善捐赠的方式把财富与多数人共享而成为好人。

文化因交流而精彩，文明因互鉴而丰富。共享文明的文化形态，关注的是文化的多元性本身。共享文化的本质就是尊重不同文化发展的特点和规律，坚持百家争鸣、百花齐放，不搞文化霸权主义。文明出现虽有先后之别，却无高下之分。共享文明就是容纳世界上所有优秀文化的基因和元素，在走向共享的趋势下融合升级而成的。

当前还在世界蔓延的新冠肺炎疫情，让我们再次认识到，人类只是大自然的一部分，是宇宙的一分子。人类不是大自然的主宰，我们所能做的就是在科学的天人合一理念指导下，建构人与自然和谐共生的共享环境。

（二）谁来指挥？从国际治理到太空治理

共享文明交响曲的设计需要东西方智者们结合人类的智慧

（而非人类的愚蠢）做出不懈的努力，不断在发展中完善。有人总想当人类共享文明交响曲的指挥官，但这个指挥官却不好当，因为他必须站在人类整体利益上才能得到各方的承认。

早在18世纪，伟大哲学家康德就提出要想建立持久世界和平，必须建立“自由联盟”。第一次世界大战后的国际联盟和第二次世界大战后的联合国就是康德理想继承者努力创立自由联盟的初步成果。当下，要建立理想的、有强力约束性的自由联盟几乎很难，但至少应共同维护现存联合国的权威，在大国间建立起更加负责任的发展和约束机制。那么国际治理到底应该如何实现呢？正如数字经济以去中心化为重要实现方式一样，国际治理也不能搞一极化。2012年我在哈佛大学做了一个演讲，题目就是《超越左右，追求共享》。我认为，人类走到今天，只能朝着一个目标走，叫作走向共享。后来，我与基辛格先生再次谈到这个国际治理的问题，我的国际治理观可以概括为多极均衡，协同共享。我认为，一极是不好的；两极是最差的，那会对立起来；多极才有可能实现均衡。从目前的世界看，多极已经形成，但均衡的机制没有实现。协同正在努力，但共享的目标还不那么清晰。文明发展到今天，现在的文明都具有强大的生命力。这1000多年来，哪一种文明取代了另一种文明，或者战胜另一种文明了吗？都不可能。不同文明之间只能求同尊异，尊重对方。“同”就是最大公约数，“同”就是融合，在互鉴的基础上融合，在融合的基础上实现文明的新的超越与升级——共享文明。因此，未来建立真正意义上的“自由联盟”也许将成为必然。当然，与之相配套的还有世界军队、警察、货币等。

再推而广之，人类认识所及的已经远远不只是这个地球，浩瀚的太空已经有了越来越多的人类的足迹。我们在谈论共享文明的治理谱系的时候，太空治理就成了我们无法回避的课题。我认为，共享文明的太空治理就是要人神共有、有序共享。所谓人神共有，是指宇宙间已知存在的人和未知存在的其他高级生物与意识形态（我称为“神”）共同拥有宇宙。有序共享则是所有的人和神都应遵循的太空规则。

（三）共享世界的未来不是梦

虽然通往共享世界的路途依然无比艰难，但共享世界并不遥远。它的未来不是一个虚无缥缈的梦，因为共享世界本身就与人类社会的现实相联。对于人类社会所面临的挑战，我曾经举过一个例子：在一个大酒楼里汇聚了八方食客，大家都需要吃在这个酒楼一口锅里做的饭菜，忽然一头凶恶的猛兽破门而入，把人冲散了，大家只能四散离去。问题是目前除了这个酒楼和这口锅，这些食客并没有其他可替代的选择。

现在，困扰全球的新冠肺炎疫情就好像那头凶恶的猛兽，它在地球上突然出现、肆虐横行，人类就好比那大酒店里的食客，面临着严峻的考验。人们面前摆着两个选择：要么被冲散之后，大家都无饭可吃，或者寻找再打一口锅、再找一家店吃饭的可能，但未来会是什么样？无法预测。

那么，在面对这场疫情的关口，世界各国人民也有两种应对方案：一是伴随疫情带来的全球化逆流，开始奉行单边主义、民族主义、孤立主义，各自为政、画地为牢，这将对人类社会共同的利益带来最大的伤害；二是进一步促进全球化的加速发展，继续完善产业链的分工，不是因眼前的挑战让全球化戛然而止，而是使全球化的影响更加纵深，推动世界从经济、贸易的全球化扩展到社会、文化、政治的全球化，这样整体性的全球化正是共享世界的未来。

对此，人类社会的智者、精英、负责任的政治家和科学家们要竭尽全力避免第一种状态的到来，推动第二个方案的启动。如果说过去的全球化更多是同一化或标准化，那未来的全球化，将会是以共享文明为主导的全球化。它不是一个模式、一种形态，而是像交响乐一样同频共振的多样性全球化。

（四）握住春天的手

2019 年 9 月，我和中国社会保障学会会长郑功成先生访问韩国议会，议长文喜相先生一番话意味深长。他说："19 世纪世界经济发展的重心在欧洲，20 世纪世界经济发展的重心移到了北美，21 世纪世界发展的中心轮也轮到亚洲了，特别是东亚应迎来发展的春天。处在东亚的中国、日本和韩国如果握不住春天的手，就将丧失发展的大好机遇！"文议长不愧是智者，他既道出了世界经济发展的规律，更表达了亚洲国家特别是中国、日本和韩国应承担的责任，应对人类做出更大的贡献。

日本与中国一衣带水，只要我们总结历史，面向未来，两国人民共同发展的前景将更加美好。在这次抗击新冠肺炎疫情中，两国彼此互助，引用的许多诗篇和发生的故事堪称经典，两国人民的友好合作和深情厚谊展示了东方文明的风范。

2019 年 11 月，日本前首相福田康夫先生应邀担任了国际儒学联合会理事长（我是副理事长）。最近，福武先生与我共同为抗击新冠肺炎疫情协作有关捐赠，现在我们又合作此书。我们看到的是，中日两国的友好使者一直都在为中日友谊奉献自己的光和热——这表明中日两国人民总是紧握着新时代发展的“春天之手”。这不但是传递温暖与爱心的友谊之手，也是助力两国共同发展的协力之手。“青山一道同云雨，明月何曾是两乡。”国有界，爱无疆。我想，面对人类发展，只要我们拥有对彼此的爱与信任，就一定能够共创美好的明天！

2019 年 8 月，卢德之博士参与并主持 2019 年联合国第 68 届 NGO 大会包容与共享社会论坛

2019 年 10 月，华民慈善基金会资助大理大学“共享之星”留学生奖学金首届入选者合影

结 语

如果把共享文明比作一座大厦，那么数字经济便是共享文明大厦重要的经济基础，不同文化的交流互鉴则是共享文明大厦里充满生机的文明基础。共享文明的本质就是爱。宇宙万物充满爱，也传播爱，人类更应当拥抱爱、提升爱，让世界更加充满爱！

艺术是属于上天的语言，也是爱的语言。无论是福武先生创造的“艺术活化乡村”的奇迹，还是中国著名音乐家陈越先生在日本大地震后为灾后振兴所创作的歌曲《大地的孩子》，或是我和陈越先生合作创作的《共享颂》（我作词、陈越作曲），都表达着人类对美好生活的向往，对共享文明的追求！

这本不是专门写的歌词，而是我对共享思想、对人类命运和去向的描述。但陈越先生认为，这首词已经打破了传统意义上歌词创作的框框，字里行间都流露出“思想在歌唱”的旋律，于是给谱了曲。这首《共享颂》已经在联合国 NGO 大会上演唱，也在日本、韩国传唱，现在也已翻译成多种文字，引起了国际社会的共鸣。

此时此刻，当我们插上想象的翅膀在历史的长空和浩瀚的

共享颂

演唱：共享之声合唱团

作词：卢德之
作曲：陈 越

图4 《共享颂》五线谱

宇宙展翅翱翔时，会发现我们对人类、对地球、对宇宙承载着一种庄严的责任感与使命感。人类的发展史，往往会留下这些具有责任感与使命感的人奋斗的身影。就人类个体而言，有时在历史的进程中迈出的只是一小步，可就整个人类而言，任何人迈出的每一步都具有重要的意义。我所期待的是，福武先生的直岛模式在中国山东桃花岛的实践可以顺利推行，且能以此为契机，破除“唯城市论”的社会风气，将注意力更好地转向农村、农民与农业，创造出新的梦想与希望；而我们所共同倡导的公益资本论理念，能够切实为人类打开迈向一种新文明——共享文明的大门提供给我们一些思考，并发挥积极的作用。为此，让我们更好地团结起来，一起跨入这扇新时空的大门，去创造无限美好的风光！

2020 年 5 月 20 日，定稿于灰汤龙熙温泉山庄

图书在版编目（CIP）数据

公益资本论 /（日）福武总一郎，卢德之著；王庆泓译 .
—北京：东方出版社 . 2021.1
ISBN 978-7-5207-2009-0

Ⅰ . ①公…　Ⅱ . ①福…　②卢…　②王…　Ⅲ . ①资本—伦理学—研究
Ⅳ . ① F014.391

中国版本图书馆 CIP 数据核字（2020）第 271815 号

版权合同登记号：01-2020-6761

公益资本论
（GONGYI ZIBEN LUN）

作　　者：［日］福武总一郎　卢德之
译　　者：王庆泓
策　　划：姚　恋
责任编辑：黄彩霞　李志刚
出　　版：东方出版社
发　　行：人民东方出版传媒有限公司
地　　址：北京市西城区北三环中路 6 号
邮　　编：100120
印　　刷：北京图文天地制版印刷有限公司
版　　次：2021 年 3 月第 1 版
印　　次：2021 年 3 月第 1 次印刷
开　　本：640 毫米 ×950 毫米　1/16
印　　张：14.5
字　　数：149 千字
书　　号：ISBN 978-7-5207-2009-0
定　　价：59.80 元
发行电话：（010）85924663　85924644　85924641